此书献给我的父母Kazimierz和Irena，还有我的妻子Sunisa

       ——Robert Bogdan Staszewski

此书献给我的父母Roshan和Tehmurasp

献给我的朋友Philosopher，以及我的指导老师KM

献给我的学生和老师Pearl，Farah和Burzin

        ——Poras T.Balsara

深亚微米CMOS全数字频率合成器

〔美〕 Robert Bogdan Staszewski 著
Poras T.Balsara

彭刚 译

科学出版社
北 京

图字：01-2013-1573号

内 容 简 介

本书主要介绍使用深亚微米 CMOS 技术进行全数字频率合成器的设计与实现技术，内容包括：数控振荡器、归一化 DOC、全数字锁相环、基于全数字锁相环的发射机、行为建模与仿真、实现与实验结果等。

本书具有较强的实用性，书中内容深入浅出，可以作为工科院校通信、电子、微电子等专业高年级本科生和研究生的参考用书，也可以供半导体和集成电路设计领域技术人员参考阅读。

图书在版编目（CIP）数据

深亚微米CMOS全数字频率合成器/（美）Robert Bogdan Staszewski，Poras T. Balsara著；彭刚译. —北京：科学出版社，2017.6
书名原文：All-Digital Frequency Synthesizer in Deep-Submicron CMOS
ISBN　978-7-03-048025-5

Ⅰ.深⋯　Ⅱ.①R⋯　②P⋯　③彭⋯　Ⅲ.①数字式频率合成器
Ⅳ.①TN 742.1

中国版本图书馆CIP数据核字（2016）第071726号

责任编辑：杨　凯 / 责任制作：魏　谨
责任印制：张　倩 / 封面制作：周　密
北京东方科龙图文有限公司制作
http://www.okbook.com.cn

科 学 出 版 社 出版
北京东黄城根北街16号
邮政编码：100717
http://www.sciencep.com
新科印刷有限公司 印刷
科学出版社发行　各地新华书店经销
*
2017年6月第 一 版　　开本：720×1000　1/16
2017年6月第一次印刷　　印张：16
印数：1—4000　　字数：301 000
定价：42.00元
（如有印装质量问题，我社负责调换）

前　言

　　用于千兆赫级移动射频（RF）无线应用的现代收发器的设计流程和电路技术具有高度的模拟集成性，采用的工艺技术与数字基带（DBB）和应用处理器（AP）不兼容。现今，DBB和AP设计虽不断移用到最先进的深亚微米数字CMOS工艺中，但通常不提供任何模拟扩展，并具有非常有限的净空电压。要想大幅减少大容量移动无线解决方案的成本和功耗，就必须依靠最高水平的集成，这使得数字集成方法以最先进的深亚微米工艺用于常规射频。

　　在数字深亚微米工艺环境下，设计高度集成的射频电路这一任务面临一个新模式：在深亚微米CMOS工艺中，数字信号沿过渡的时域分辨率优先于模拟信号的电压分辨率。这与较老的工艺技术形成鲜明的对比，老工艺技术依赖于高电源电压（起初是15V，接着是5V，后来是3.3V和2.5V）和独立式配置，这种独立式配置具有极少的外部噪声源，以便在电压域取得好的信噪比和分辨率。由于深亚微米工艺具有低电源电压（低于1.5V）和相对较高的阈值电压（0.6V或由于MOSFET的体效应，通常高于0.6V），因此对于任何复杂的模拟功能，可用的净空电压很小。此外，周围大量的数字电路会产生大量开关噪声，使得电压域的信号更难于分辨。从积极方面看，MOS晶体管的开关特性，随着按几十皮秒的顺序上升与下降次数，以高频率提供极好的时间精度，良好的光刻技术可以对电容率进行精确的控制。因此，可以扬长避短，更好地使用这种新模式。

　　本书介绍了使用深亚微米CMOS技术进行全数字RF频率合成器的设计与实现方法。作为移动通信信道的前端，频率合成器用于现代无线收发器(发射器/接收器)。它可以作为本地振荡器部署在传送路径（图1.11）和接收路径（图1.13）。RF合成器是移动RF系统中最具挑战性的任务之一，因为它们在满足相位噪声和开关瞬态规格的同时，还需严格满足低成本、低功耗、低电压的单片集成实现的要求。此处所述技能为近期调查的一部分[1]，调查的主要目的在于利用深亚微米数字CMOS工艺技术特长设计合成器架构，如同在数字VLSI（超大规模集成）电路设计中的应用。这里介绍的技术的基本主题是，充分利用惊人的数字门密度（在130nm的CMOS中，每平方毫米150 000等效门）和深亚微米 CMOS 最新工艺的潜力，在同步相域内进行操作，实现数字集成最大化。此架构的主要优点是能够采用标准的 ASIC 设计方法，将RF前端和数字后端集成到一个单硅晶片。

本书描述的合成器本身有能力进行频率/相位调制，可以通过使用数模转换器和抗频混滤波器削减模拟集成型I/Q混频调制器，进而极大地简化发射器的结构，如图1.11所示。该创意在商业深亚微米 CMOS 技术中已经实现，在用于短距离通信的工作硅片蓝牙发射器中得到证实，同时也用于其他单芯片移动电话系统。

图1是蓝牙发射器框架内本书谈论的范围。主要目的是RF合成器的设计。为了阐释其用途，本书还涉及整个RF前端相关方面，始于物理层1Mb/s数据位流和结束于RF信号反馈天线。此数字集成发射器可与德州仪器公司的 C54X DSP 处理器（用于移动电话）集成到同一硅晶片中，以验证单片射频的可行性，如图1.29所示。需要指出的是，相同的发射器结构可用于GSM便携式电话，这种便携式电话具有更低数据速率（大约280kb/s）差异、更严格的RF性能规格，以及所需的外部电源放大器，因为在电压为1.5V的情况下，无法驱动大约2W的信号功率。

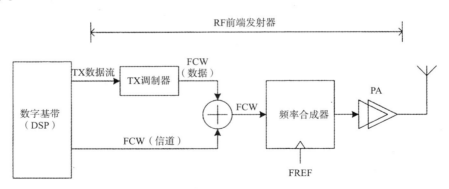

图1 基于合成器RF前端的发射器

总而言之，本书阐述的观点已经在新型RF合成器的硅实例中得到证实，这种新型RF合成器能够优化用于短距离无线通信收发器，具有下列的特征和制约：

- 2.4GHz ISM频带：FCC公共频带为短距离无线设备的消费应用提供了巨大的潜力，例如蓝牙或802.11b WLAN等。
- 低区：支持短距离无线通信的设备和移动电话大批量生产。
- 低功率：电池供电的移动通信元件。
- 完全单片实现外部元件最小限度：内部压控振荡器、无电荷泵电容器、无模拟滤波器。
- 可集成性：使用深亚微米CMOS工艺技术实现与数字基带的集成，并发挥高数字门密度的优势。

- 全数字化：利用先进CMOS工艺惊人的数字门密度的优势，快速设计周转时间和携带性，将模拟和RF电路的部分降到最低。
- 直接进行高斯频移键控调制：使用数据传输，不使用自然模拟的I/Q镜像抑制混频器。
- 与接收器和发射器的结构十分契合：作为优化的本地振荡器，能够执行跳频功能，具有快速切换时间和低相位噪声的特点。
- 自上而下的建模与仿真方法：使用VHDL高级硬件描述语言设计整个系统，如参考文献［2］所述。

本书内容

本书选择了自下而上而非自上而下的方式展示观点的演变，根据设计步骤引导读者阅读。本书的篇章结构如下：

- 第1章，引入频率合成的基本概念，介绍一些必要的背景资料并提出在现代无线收发器中实现频率合成的可能性。
- 第2章，频率合成器设计以原始的数控振荡器（DCO）为起点，这种数控振荡器是新型数字结构的基础。本章还介绍了一个时域模型，广泛用于分析和VHDL仿真。
- 第3章，DCO增加了算数抽象的分层，使得算法运算变得更容易。这个临时模块的主要任务是执行DCO标定并实现DCO标准化，使得标准化DCO传输函数能在很大程度上独立于程序进程和环境因素。本章还介绍了另外一个改进之处，例如通过ΣΔ抖动和动态元件匹配提高频率分辨率。
- 第4章，围绕归一化的DCO振荡器建立一个相位校正机制，以使系统的频率漂移和系统的漫游性能与稳定的外部频率基准同样精准。
- 第5章，展现了全数字RF合成器的应用。频率调制能力添加到合成器核心，使其有效地执行发射器数据调制。加上另外两个模块之后便构成一个完整的发射器。第一个模块是发射器脉冲滤波器，运用于基带。第二个模块是E类功率放大器，能够发射几毫瓦功率级的RF信号。
- 第6章，介绍了设计用到的行为建模技术和仿真方法。
- 第7章，详细介绍了一个完整振荡器的实现与实验结果。

谢　辞

本书描述的工作源于德州仪器公司一个探索性研究项目，随后作为数字RF处理器（DRP™）技术的基础发展到顶峰。DRP是用于单芯片蓝牙和GSM收发器的一些商业集成电路的关键部分。这项研究的成功，主要感谢以下人士提供的大力支持。在此对他们表示感谢：

- 比尔·克莱尼克（Bill Krenik），感谢他在德州仪器为本项目提供赞助并自始至终为研究观点提供非常有用的反馈。
- 德克·莱波尔德（Dirk Leipold），德州仪器公司的物理学家兼工程师，感谢他长期以来富有成效的讨论，促使数字RF构建更为完善。他的正交思维和专业知识在工艺技术中无与伦比。
- 洪志明（Chih-Ming Hung），感谢他提供详细的电路设计以及数控振荡器和RF功率放大器的布局指导。
- 肯·马乔（Ken Maggio），德州仪器RF-CMOS 组的经理，感谢他给出的反馈以及日复一日的努力，促使芯片测试的成功。
- 史丹利·高曼（Stanley Goldman），德州仪器公认的锁相环专家，感谢他进行的技术讨论，令人获益匪浅。
- 罗曼·史塔兹丝克（Roman Staszewski），约翰·瓦尔伯格（John Wallberg），汤姆·荣格（Tom Jung），以及库拉姆·穆罕默德（Khurram Muhammad），感谢他们关于数字电路设计、设计流程和DSP集成各方面提供的帮助。

于德克萨斯州达拉斯市

Robert Bogdan Staszewski

Poras T. Balsara

目　录

第 1 章 概 述

随着无线通信行业的迅猛发展，关于通信电路和通信架构的研究也受到了空前的关注。上述通信电路和通信架构均为低成本、低电压以及低功耗设计，它们包含了必要的性能，能够进行大规模经济生产。近来，人们开始格外关注由通信收发器组成的异构集成部件。现代收发器有望在较宽的频率范围上运行。虽然晶体振荡器提供了较高的频谱纯度，但是这种晶体振荡器无法在较宽的频率范围中实现调整。因此，此类收发器亟需特定形式的频率合成器。

1.1　频率合成

"频率合成器"这一术语泛指一种有源电子器件（图1.1），这种电子器件可以将接收的基准频率 f_{ref} 依据频率控制字（FCW）产生频率输出。由此可知，频率合成器的输出稳定性、精确度和频谱纯度与输入的基准频率的性能相关。

$$f_{out} = \text{FCW} \cdot f_{ref} \tag{1.1}$$

有趣的是，上述定义没有将合成输出的形状具体化。这种合成输出信号既可能是正弦波信号，也可能为方波信号（图1.2）。方波信号具有一个明显优势，即在数字CMOS工艺技术中发挥作用更大。

图1.1　频率合成

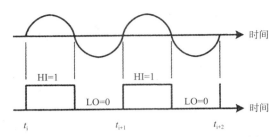

图1.2 合成器的可能输出：正弦波或方波[3]

1.1.1 振荡器噪声

理想振荡器的工作频率为ω_c时，所有功率都聚集在单一频率ω_c，如图1.3（a）所示。在实际操作中，频谱会传播至ω_c附近的频率中（图1.3（b）），振荡器中将这种传播称为相位噪声。这种相位噪声会对发射器中毗邻的频带造成干扰；而在接收器的本地振荡器中，这些噪声的干扰会降低分离度。

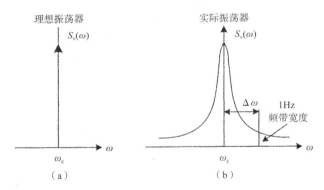

图1.3 理想振荡器和实际振荡器的输出频谱

相位噪声通常以频域表示[4, 5]。理想振荡器以频率ω_c工作时，输出电压可以表示为$v(t) = A\cos(\omega_c t + \phi)$，其中，$A$表示振幅，$\phi$表示任意相位基准的一个定值。功率集中在单一频率$\omega_c$。同样地，它的功率谱则表示为$S_v(\omega) = (A^2/2)\delta(\omega - \omega_c)$，其中，$\delta$表示单位脉冲或狄拉克函数。然而，在实际振荡器操作中，振幅和相位都随着时间的变化而波动，频谱分布在载波频率边缘并传播至邻近的频率。多数情况下，振幅的干扰可以被限幅电路轻易消除，因而无足轻重。因此，只需考虑相位的一个随机偏差：

$$v(t) = A\cos[\omega_c t + \phi(t)] \tag{1.2}$$

其中，$\phi(t)$是一个小的随机剩余相位，表示时间的变化，通常称为相位噪声。

若相位噪声的浮动值较小，即$|\phi(t)|<<1\text{rad}$，[1] 则式（1.2）可以化简为：

$$v(t) \approx A\cos\omega_c t - A\phi(t)\sin\omega_c t \tag{1.3}$$

表示$\phi(t)$的频谱等于频率减去转换成的$\pm\omega_c$。

此相位噪声可以考虑计算偏移载波$\Delta\omega$的1Hz单位带宽中的噪声功率，通过载波功率进行分频[5]。这就是单边噪声频谱密度，单位为dBc/Hz。

$$\mathcal{L}\{\Delta\omega\} = 10\log_{10}\frac{1\text{Hz频率带宽中的噪声功率}\omega_c + \Delta\omega}{\text{载波功率}} \tag{1.4}$$

式（1.4）中，单边相位噪声仅为相位噪声频谱的一半，相位噪声频谱包含高频和低频的两个部分：

$$\mathcal{L}\{\Delta\omega\} = 10\log_{10}\frac{S_\Phi(\Delta\omega)}{2} \tag{1.5}$$

其中，$S_\Phi(\Delta\omega)$由式（1.6）得出：

$$S_\Phi(\Delta\omega) = \frac{S_v(\Delta\omega)}{\text{载波功率}} \tag{1.6}$$

图1.4显示的是一个典型的振荡器相位噪声频谱。在这个双对数坐标图里面，相位噪声被规范化为dBc/Hz，目的是抵消载波ω_c产生的偏频$\Delta\omega$。相位噪声外形与图1.3所示的曲线相同，在倾斜区的$1/\omega^3$，$1/\omega^2$和$1/\omega^0$区间变化。$1/\omega^2$区域通常称为热噪声区，因为它在振荡周期内，由白噪声或不相关的时间波动引起。由于较低的偏移频率，电子器件中$1/f$的闪烁噪声也增多，上变频到达$1/\omega^3$区域。$1/\omega^0$区域是在不影响振荡器时基的情况下，将热噪声加到振荡器的外部，如输出缓冲区。

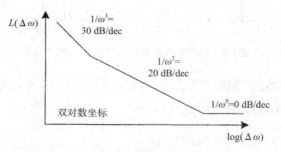

图1.4 实际振荡器的相位噪声频谱

考虑到相位中单频正弦信号的影响，$\varphi(t)=\varphi_p\sin\omega_m t$，式（1.2）可变为：

1）$|\phi(t)| \ll 1\text{rad}$，适用于任何无线标准。$|\phi(t)|$越接近1，表示振荡器的相位噪声越差，越需要频率调制。

$$v(t) \approx A \cos \omega_c t + A \frac{\phi_P}{2} [\cos (\omega_c + \omega_m) t - \cos (\omega_c - \omega_m) t] \qquad (1.7)$$

因此，振荡器的输出电压的功率谱密度与其相位噪声直接相关。使用单边功率谱密度，可得出：

$$S_\Phi (\omega) = \frac{\phi_p^2}{2} \delta (\omega - \omega_m) \qquad (1.8)$$

$$S_V (\omega) = \frac{A^2}{2} \left[\delta (\omega - \omega_c) + \frac{1}{2} S_\Phi (\omega - \omega_c) + \frac{1}{2} S_\Phi (\omega_c - \omega) \right] \qquad (1.9)$$

从式（1.9）中可知，相位噪声在频率里直接向载波方向移动，并位于合成频率的任意一侧。这一点在图1.5中有生动的表示。该图也显示出振荡器相位噪声中非系统抖动会产生毛刺。毛刺（或杂散频率）通常由基于传统的锁相环（PLL）的合成器中的相位/频率检测器以及分频电路造成。在时域内，振荡器的波形内出现系统时间抖动，呈现一个周期性的定时误差。在频域内，毛刺在频谱里面非常突出。理想状态下，一个振荡器输出频谱以单一频率为中心，没有毛刺。在现实中，存在毛刺，导致振荡器的输出频谱中存在其他频率成分。在频谱的特定频率位置中，毛刺以dBc计算。它仅仅是载波与毛刺两者以分贝表示的功率差异。

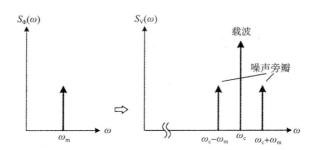

图1.5 PSD与单边相位噪声间的等效性

有时候需要将PSD的瞬时频偏$\Delta\omega(t)$与相位噪声$S_\phi(\omega)$、单边相位噪声$\mathcal{L}\{\omega\}$[5]相联系。频率是相位的导数，由此可得下式：

$$S_{\Delta\omega} (\omega) = \omega^2 S_\Phi (\omega) = 2\omega^2 \mathcal{L} \{\omega_m\} \qquad (1.10)$$

在频域可见的振荡器干扰在时域有着根本原因。在这个时域内，一个振荡器周期内的特定时间不用于其他周期。这个时期包含了一个平均值T_0和定时误差。ΔT_0定时误差的变量$\sigma_{\Delta T} = \sqrt{\overline{\Delta T^2}}$称为时基误差。参考文献［7］中给出了一个一阶公式，这个公式将时域中的时基误差与频域中的相位噪声联系起来，从而得出式：

$$\mathcal{L}\{\Delta\omega\} = 10\log_{10}\left[\frac{2\pi\omega_{c}}{\Delta\omega^{2}}\left(\frac{\sigma\Delta T}{T_{0}}\right)^{2}\right] \tag{1.11}$$

式（1.11）建模的频域是$1/\omega^2$上变频的热噪声，这种热噪声是振荡器里的主要噪声机制。

1.1.2　频率合成技术

传统的频率合成技术主要有以下几种：

- 直接频率合成。
- 直接数字频率合成。
- 间接频率合成。
- 混合合成。

以上方法均有其优势与劣势，因此，应用时都应慎重选择最合适的组合。

1.　直接频率合成

直接频率合成，也称混频/滤波/分频合成，它采用了倍频器、分频器和其他数学运算的方式来生成新的目标频率[8]。之所以称之为"直接"，是因为这个过程省略了错误校正的过程，因此，输出的质量与输入的质量直接相关。相位噪声尤为出色，因为它的直接转换过程及切换速度都非常快。但因高成本、高能耗等缺点，直接频率合成技术方法仅用于仪器，对于那些移动通信终端等低成本的便携式设备，这一方法并不适用。

2.　直接数字频率合成

直接数字频率合成（DDFS）源于19世纪70年代早期[9]。如图1.6所示，DDFS系统使用逻辑和内存数字化构建目标输出信号，同时数模转换器（DAC）将数字转化成模拟频域。因此，DDFS构建信号的方法几近完全数字化，任何时候我们都能知悉并精确控制振幅、频率和相位。综上原因，数据转换器的切换速度将会非常之快，但同时，在高时钟频率下，功耗也会异常高。DDFS理论并非真实意义上的完全数字化，因为它需要DAC和一种低通滤波器（LPF）来削弱数据转换过程中产生的干扰频率。此外，还需要一种非常稳定的、至少三倍于输出频率的参考频率计时器。考虑到这点，加之DAC和LPF构建的难度以及它们在千兆赫兹高频率工作的情况下耗能巨大等因素，DDFS技术方案不适用于诸如移动通信终端等射频（RF）设备中。

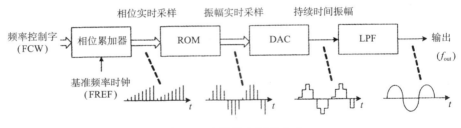

图1.6 直接数字频率合成

由于其数字波形的重构特性，DDFS技术不仅十分适用于执行宽频传输调制功能，也非常适用于快速跳频方案[10]。例如，图1.7所示的含有算术加法器的DDFS系统的相位累加器前端，这个算数加法器包含了已选通道及调频数据的FCW组件。

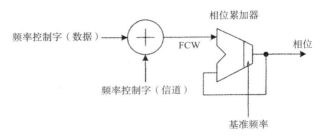

图1.7 带调频的DDFS系统的相位累加器前端

设累加器的字长为W，对于一个给定的频率控制字FCW和参考频率f_{ref}，合成器的输出频率f_{out}为

$$f_{out} = \frac{f_{ref}(\text{FCW})}{2^W} \qquad (1.12)$$

而频率的分辨率为：

$$\Delta f = \frac{f_{ref}}{2^W} \qquad (1.13)$$

实现DDFS系统在无线通信（multi-GHz范围）的频率范围内的应用，价格非常昂贵，到目前为止，这种技术只有在军事应用方面有直接使用。从另一角度看，DDFS理论从根本上就不是产生射频信号的最佳选择。正如前面所解释，在深亚微米工艺技术中，图1.2所示的数字时钟优先于正弦信号，而这种正弦信号正是DDFS技术尝试产生的。如果和最终所需的只是零交叉，那么整个波形的完

全数字化重构就十分浪费。

3. 间接频率合成

如图1.8所示，使用锁相环（PLL）间接合成，此处将振荡器，如压控振荡器（VCO）的输出相位与基准频率FREF（f_{ref}）的相位进行比较[11, 12]。在输出信号变化的同时，检测到的错误对振荡器发出校正指令，振荡器则以负反馈的方式回应。相位/频率检测器（PFD）进行相位及频率偏差监测，这一过程增加了载波附近的相位噪声。然而，在较大的频率偏移方面，PLL能比直接频率合成更出色地完成频率偏差监测。即使采用先进的VCO预调谐技术，锁相环设计也是很难实现以合适的频率阶跃降低相位噪声和快速切换这些效果[13]。

一般来说，间接频率合成器通过使用PLL和一个可编程小数分频器，即可实现基准频率f_{ref}的稳定成倍增长。在环路中，使用环路滤波器（LF）可以抑制相位检测器产生的杂散，以防杂散在VCO中产生多余的频率调制（见第1.3节）。然而，滤波器会导致瞬态反应劣化，这必将限制切换时间。由此，频率转换时间与抑制杂散的需求之间产生冲突。

传统的基于PLL的频率合成器只适用于窄频带的频率合成器的调频方案，PLL频带宽度内的调制数据速率为佳。

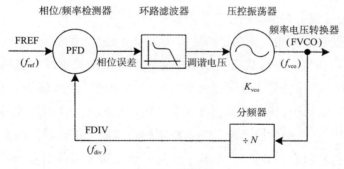

图1.8 锁相环

4. 混合频率合成

在一些应用中，需要组合使用两种（极少情况下也会混合三种）主要合成技术，以便突出每项基本技术的优势。一般情况下，DDFS和PLL混合结构应用于特定的无线设备当中。如图1.9所示，DDFS方法的宽带调制和快速调频功能，工作频率较低，可以与上变频到RF频带的PLL倍频属性相结合使用。

混合方法还有另一个例子，即Hafez与Elmasry[14]描述的900MHz频带混合合成器结构，这种结构使用1.10MHz到1.85MHz低频率的DDFS产生基准频率到主要PLL。PLL没有使用常规数字频率分频器或预分频器，而是混合采用二次采样将RF频率转换成f_{ref}。合成器的频率分辨率由DDFS系统决定，而PLL主要作为频率的整数乘法器使用。由于DDFS系统是低频率运转的，它耗能高这一主要缺陷便不成问题。可惜二次抽样过程产生了过多的噪声。

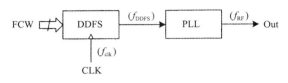

图1.9　DDFS-PLL混合结构

1.2　频率合成器作为RF收发器整体的部分

RF合成器的设计必须严格满足低成本、低功耗、低电压的单片集成要求，同时也必须满足相位噪声和开关瞬变规格。因此，RF合成器的设计仍然是移动RF系统中的最具挑战性的任务之一。一般依照下列标准（按重要性顺序排列）评价合成器的设计：

（1）相位噪声性能。任何模拟电路中，振荡器都易受噪声影响，由此在信号接收和发送过程中对系统性能产生不良影响。

（2）离散杂散性能。振荡器的输出频谱中出现多余的频率成分。

（3）切换速度。在现代通信系统中，切换速度至关重要。它利用频道或跳频（见图1.10）消除各种无线通道障碍（如信号微弱，干扰信号）。由于系统切换载波频率的次数比较频繁（与蓝牙或全球通信系统的切换次数差不多，通常每1.6ms切换一次），一个切换迅速、频率稳定的合成器是正常运行的必要条件。在固定频道的时分多址（TDMA）系统中，切换速度对于实现相邻单元格之间的切换也非常重要。

（4）频率和调谐带宽。频率范围必须宽至足以涵盖操作频带以及额外的宽度以便把过程-电压-温度（PVT）变化计算在内。

（5）功耗。能源消耗量对于电池供电的移动通信装置来说尤为重要。

（6）尺寸。尺寸对于批量生产来说很重要。

（7）集成性。选择深亚微米CMOS工艺技术与数字基带和应用处理器集成一体。

（8）成本。除了少数外部组件，该过程无需支付额外费用。

（9）可移植性。设计在应用间的转换能力以及进程的技术节点间的转换能力非常重要，这一点对数字VLSI（超大规模集成电路）和基于知识产权应用来说尤为重要。硬件描述语言（HDL）所述的设计均非常便携。

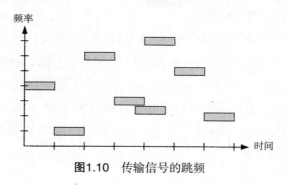

图1.10 传输信号的跳频

1.2.1 发射器

RF频率合成器作为发射器的本地振荡器（LO），执行从基带到RF的转化功能。图1.11展现的是一个传统的直接上变频发射器。同相（in-phase，I）和正交（quadrature，Q）脉冲波形的数字基带信号转换成包含数模转换器的模拟域。由于其离散时间的特性，DAC输出包含了采样时间谐波以及切换噪声。调制器是重要的RF/模拟模块，在它将DAC输出上变频成为RF载波前，DAC输出必须拥有低通滤波器，以此作为上变频的条件。功率放大器（PA）为发射器通路的最终阶段。PA发挥着天线阻抗匹配功能，促使信号发射达到所需的功率水平。这种基于混频器的发射器结构的主要缺陷是，在同相I和正交Q通道间，相位转换和振幅增益有丝毫不匹配，都会大大削弱系统的运行性能。另外，调制器的输入和输

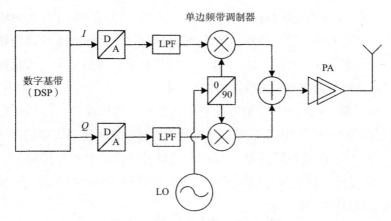

图1.11 传统的直接上变频发射器

出（能够有意识地进行频率转换）之间有着一定数量的固定频偏，功率放大器的强信号可以通过注入锁定的方式产生振荡器频率牵引。该原理揭示强PA信号通过基底、功率、地线和电磁波等寄生通道反馈到振荡器的最敏感部分，促使共振频率以注入牵引的方式进行转换。

发射器中LO产生的相位噪声必须降至最少。附近有一个强大的发射器正以$\omega_{c,2}$的频率发射信号，同时还有大量相位噪声和杂散干扰，这时一个静音的接收器必须探测频率为$\omega_{c,1}$的微弱的目标信号，那么就会产生图1.12所示的问题。目标信号将受到发射器尾部相位噪声影响，这就对RFLO噪声沿的噪声产生更具挑战性要求。现代无线通信系统具有严格的标准，这就要求合成器附近或远处的相位噪声要有严谨的规格[15]。

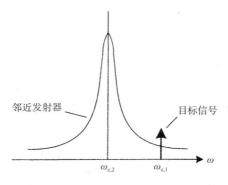

图1.12 发射器中LO相位噪声的影响

1.2.2 接收器

接收器中，RF频率合成器被用作LO，执行频率转移和频道选择功能。图1.13所示是一个现代zero-IF接收器结构，其中，LO可不经过中频（IF）阶段，直接将RF信号下变频进入基带。或者，由于DC偏移问题对true zero-IF结构造成不良影响[16]，信号转换最好是靠近zero-IF。这种情况下，IF信号不会被精确地解调至DC，而是被解调为偏离带宽较远的信号片段。

天线输出端口接收到的RF信号的功率水平立即被低噪声放大器强化，接着被镜像抑制混频器下变频进入基带。低通滤波器可以用来防止多余的频率在接收链中进一步反馈。在模数转换器（ADC）将信号转换成数字形式前，可变增益放大器可以将信号传输到指定的层级。数字基带处理同相和正交两个部分，并执行探测及处理其他DSP的功能。

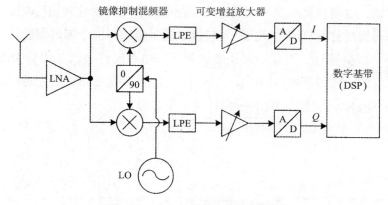

图1.13 zero-IF接收器的拓扑结构

这种直接下变频结构被认为是最适合在芯片上整合的变频结构，因为它不需要通过外部的高频率调谐电路实现IF滤波。可惜的是，由于LO泄漏以及自混频的不良影响，这种结构面临一系列DC偏移的问题。以DSP为基础的各种消除理论得到了发展，至今仍然是热门的研究领域[17]。

现代无线接收器的规格对RF本地振荡器有着严格要求。例如，蓝牙接收器的规格表明，1MHz带宽中，一个70dBm的信号功率必须用低于10^{-3}的误码率（BER）才能探测。即要求非相干调制器的信噪比（SNR）低于17dB。该系统也必须能够以−67dBm的信号水平排斥−10dBm的带外单音模块信号。以上这些均体现出对RF LO的严格要求。图1.14表明接收器中LO纯度的影响。由于目标信号功率较弱，而干扰源较强，LO的噪声沿必须比较低，这样目标信号在下变频后依旧可以恢复原样。

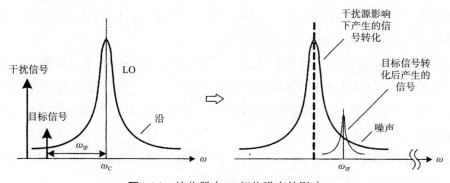

图1.14 接收器中LO相位噪声的影响

1.2.3 直接发射器的调制

图1.15所示是使用复杂信号进行正交振幅调制的发射器的总体结构图。它以

图形的方式，生动地展示出一个任意的调制过程。传入的比特流b_k被反馈到编码器中，编码器再将0或1的数字比特流转换成符号流a_m。由于编码器能将多个比特映射到单个数据符号，因此必须注意区分符号率和比特率。蓝牙和GSM之间存在一一对应的比特和符号：{ 0，1 }→{ 1，+1 }。相比之下，更先进的编码方案如QPSK或8PSK，则是2到3比特分别构成一个符号。

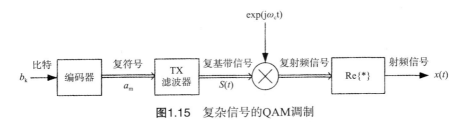

图1.15　复杂信号的QAM调制

　　一系列符号应用于发射器的滤波器，会产生一个在连续通道上传输的连续时间信号。使用基带发射器的滤波器的主要目的是适当地限制已调制的RF频谱占用的带宽。矩形脉冲通过有限带宽信道时，脉冲会及时传播，且每个符号的脉冲还会传播到后续符号的时间间隔中[18]。这一现象会导致码间干扰（intersymbol interference：ISI），还增加了接收器删除符号时出现失误的可能性。移动系统中，相邻信道的带外辐射一般是40dB到80dB，低于目标通带。因为很难直接以RF频率操纵发射器的频谱，因此频谱整形在基带完成。

　　发射器滤波器中的脉冲响应$h(t)$，也称脉冲波形，既可以呈升余弦分布，也可以是高斯分布[18]。升余弦滚降滤波器属于抽样实例中满足零ISI的奈奎斯特标准的那类滤波器。相比之下，高斯滤波器是变化缓慢的传递函数，但不符合奈奎斯特判据，允许零交叉中含有一定数量的ISI。但是，它们可以使用能源高效的非线性放大器，通常与调频信号共同使用。

　　在现代实现过程中，脉冲形状由"芯片"时钟过采样而来，虽然通常情况下，滤波器输出$s(t)$通过执行数模转换和低通滤波，最终被传输回的连续时间域，但是"芯片"时钟在整个脉冲滤波过程中是一个符号时钟的整数倍数，且具有数字象征意义。

　　数字基带数据比特b_k与基带时钟同步，而数字滤波器输出采样则与"芯片"时钟同步，"芯片"时钟通常为数据速率的倍数。

　　表示复杂的信号需要使用两条传输复数的实数部分的物理线路。图1.16显示的是QAM发射器使用同相（I）和正交（Q）信号进行调制的结构图。这种形式的实现为1.2节介绍过的常规传输调制器提供基础，同时还可以处理多种调制方案。然而，发展过程中出现的*I*/*Q*失衡和载波馈通的现象通常对边带抑制产生不良影响。

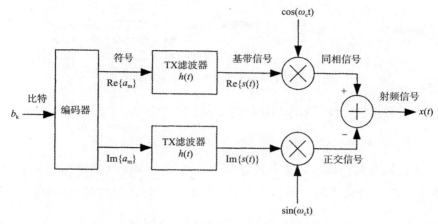

图1.16　*I*和*Q*基带信号的QAM调制

如图1.17所示，该结构图显示的是一个以直接幅相调制形式使用极性选择的QAM调制。如参考文献［19］和［20］所示，执行直接的相位调制，通常是使用PLL补偿方法，以正反馈的方式调制振荡器的调谐输入。执行直接的振幅调制，常规方法是将电源电压调节到饱和模式的功率放大器。显然，QAM极坐标法是移动RF收发器进行数字集成的最佳选择，因为它不使用1.2节提及传统的RF上变频混频器或模拟密集型上变频的混频器。

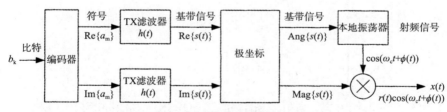

图1.17　直接幅相调制的QAM调制

恒包络发射器调制方案，如高斯频移键控（GFSK），使用蓝牙和GSM（全球移动通信系统）[1]标准，使非线性功率放大器的使用成为可能，而非线性功率放大器比其线性功率放大器的功率效率更高。由于RF功率放大器的功耗在整体功率预算所占的份额巨大，因此这一点对于保持系统总功耗最小尤为重要。使用恒包络调制方式，便不再需要进行动态振幅控制，而可能只需进行缓慢变化的输

1）GSM实际使用高斯最小频移键控（GMSK），是GFSK的一个特例。

出功率调节。图1.18所示的GFSK调制受恒包络的限制，是图1.17的一个特例。这种体系结构被选为蓝牙发射器的优先体现（第5.1节）。

图1.18 GFSK调制作为恒包络的QAM调制

角度（如相位或频率）调制系统的RF输出可表示为：

$$s(t) = A_c \cos[\omega_c t + \phi(t)] \tag{1.14}$$

式中，A_c表示载波振幅，ω_c是载波角频率（rad/s），$\phi(t)$是调制相位（rad）。在GFSK中，信息承载量即频率。也就是说，载波信号的瞬时频率$f(t)$与调制信号$y(t)$成比例：

$$f(t) = k_f y(t) \tag{1.15}$$

式中，k_f表示频率调制（FM）的正比例常数。由于相位$\phi(t)$是频率f整数位，可得出：

$$\phi(t) = 2\pi \int_{-\infty}^{t} f(\tau)\mathrm{d}\tau \tag{1.16}$$

式（1.14）可改写成：

$$s(t) = A_c \cos\left[\omega_c t + 2\pi \int_{-\infty}^{t} f(\tau)\mathrm{d}\tau\right] \tag{1.17}$$

$$= A_c \cos\left[\omega_c t + 2\pi \int_{-\infty}^{t} k_f y(\tau)\mathrm{d}\tau\right] \tag{1.18}$$

更为复杂的调制方案，如正交相移键控（QPSK）和8移相键控（8PSK），需要完整符号率的RF振幅控制。在这种情况下，极性QAM方法仍比*I/Q*方案更受青睐。在这里，可以使用精简版的包络消除和修复（EER）理论（没有包络探测和振幅限制部分），它以非线性饱和状态的小功耗功率放大器（PA）为基础。此方法中，输入信号有一个占空比约为50%的恒包络，同时非线性PA的电源电压被调整获取输出的目标振幅。可以使用另一种饱和状态PA方法，即LINC（使用非线性器件实现线性放大法，Linear Amplification with Nonlinear Components）添加合适的相移信号的2个恒包络PA输出。与EER相比，它是一项面积更集中且功耗更低的技术，目前主要用于基站。

1.3 移动通信的频率合成器

移动应用的绝大多数RF无线合成器都基于一个电荷泵PLL结构[21]。锁定条件下，PLL的平均输出频率与基准输入频率非常相似，所以频率精度非常高。可惜的是，相位频率检测器以相位差的方式计算基准时钟和生成时钟之间的频率差，这导致了获取耗时较长。现代无线通信应用中，频率合成器的快速获取特性至关重要（如在频道跳变中）。获取时间与初始频率差Δf_0成正比，与环路带宽f_{BW}成反比[22]。因此，要缩短获取时间就必须减少初始频率差，并扩宽环路带宽。然而，由于工艺、电压、温度（PVT）的差异，设计阶段不可能总是能够取得小的Δf_0值，因此，一种自动校准机制成为首选[23]。此外，尝试通过宽环路带宽增加基准相位噪声的方法减少获取时间的可能性微乎其微。

如参考文献[24]所示，可以直接测量频差，大幅减少获取时间，直至不受初始频差影响的少数时钟周期。本书呈现的技术能够同时对相位和频率进行检测和校正，因此，采集性能还可以更佳。

如图1.19所示，PFD通过分别测量频率基准FREF输入和分频N VCO时钟FDIV的最接近边缘的时间差，判断两者的相位差并产生一个UP或DOWN脉冲，其中UP或DOWN脉冲的宽度与测量时间差成正比。此脉冲信号则在电荷泵中产生具有占空比的电流脉冲I_P-I_N。在环形滤波器中，该电流被转换成VCO调谐电压。C_2为一个集成电容器，它在DC中引入了电极，进而产生了II型环路。该环路的主要任务是抑制电荷泵在每个相位比较瞬间产生的短时脉冲波干扰。PFD产生的UP和DOWN脉冲间宽度不匹配，以及电荷泵中PMOS和NMOS器件间的电荷注入与反馈时钟不匹配都会导致这种干扰的产生。这种周期性干扰能够调制

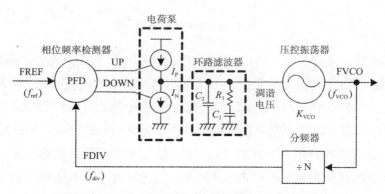

图1.19 用于RF无线通信的典型的基于电荷泵的PLL

VCO输出频率,由此产生频率杂散。主要边带被设定在比较频率偏移的载波两侧。双积分结构只是略微稳定,因此必须使用R_1和C_1引入的零极点组合使环路更为稳定。

1.3.1 整数分频PLL结构

传统的PLL的分频比N为整数,由此得出$f_{vco}=Nf_{ref}$。字母N在PLL领域通常用于指定倍频性质,与式(1.1)所定义的FCW相同。分辨率等同于基准频率,选定的基准频率通常与信道间距相同。由于狭窄的环路带宽所需的切换时间长、对其他相位噪声抑制不足、易受电源噪声和基底噪声影响,因此不能使用。

因为RF应用具有高频运转、高频匹配和线性特征,其PLL模块的构建应特别注意。比如,直接在RF频率构建如图1.8所示的可编程分频器就不可行,反之,可用图1.20所示的吞脉冲结构来构建分频器。这种吞脉冲结构由高频预分频器、程序计数器和吞脉冲计数器组成。高频预分频器可以被L或L+1整除,其中L通常表示2的低次幂(实际一般使用8,16,32)。程序计数器除P得出预分频器输出,而吞脉冲计数器则是除决定目标信道的S所选数值得到预分频器输出。这两种计数器都是低频率运行,f_{vco}/L。很明显,当S<P时,得出的分频比为N=PL+S,而且S计数器值使用f_{ref}的整数倍数控制信道选择。

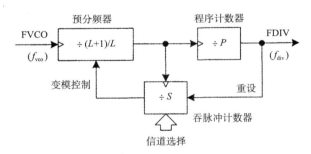

图1.20 吞脉冲分频器

可惜的是,电荷泵PLL结构不适用于硅集成。为了减少杂散,图1.19中作为电荷泵的环路滤波器,需要使用大的电阻器和电容器以使低PLL带宽达到几千赫[兹],这些电阻器和电容器很可能在IC芯片外部。数百微微法拉大小的单片电容需要非常大的面积,用于执行高质量金属–介质–金属(MIM)电容器的功能,而单片电容作为一种MOS电容器时,所需要的面积则较小,但由于MOS电容器具有高泄漏电流和非线性特征,因此单片电容不能作为MOS电容器使用。这种模拟密集型合成器的另一个主要缺陷是不能从一项工艺技术移植到另一项工艺技术。

1.3.2 小数分频PLL结构

在小数分频合成器中，输出频率可以随着基准频率小数部分的增加而增大，使基准频率远远大于所需的信道间隔。这就允许环路滤波器的设计要求更为宽松，但是会相应增加小数的杂散，从而提高环路动态，削弱振荡器产生的噪声[4]。PLL带宽通常设定为基准频率的10%，与频率控制字的变化相应，将PLL输出频率设定为程控值，该程控值的时间常数与环路带宽逆相关。

通过调制N或$N+1$的瞬时整数分频比，小数分频PLL可以实现任意平均时间的（$N.f$）分频比（实际操作中可以使用多位模量，如参考文献［25］所示）。图1.21的原理显示整数除法在N和$N+1$之间波动。最终平均分频比会随$N+1$除法的占空比从N开始增加：

$$N_{\text{avg}} = \frac{NT_N + (N+1)T_{N+1}}{T_N + T_{N+1}} = N + \frac{T_{N+1}}{T_N + T_{N+1}} = N + (.f) = (N.f) \qquad (1.19)$$

这里f对应分频比的小数部分。图1.22显示$N=2.25$的不同信号详细情况（仅限活跃沿）。FREF沿的时间戳根据VCO沿（每个FREF周期包含周期为2.25的VCO周期）得出。相位误差对应最近的FREF沿而得出。

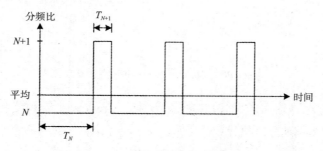

图1.21 小数分频PLL的交替分频比

相位检测器以$f_{\text{ref}}+(.f/N)f_{\text{ref}}$的频率工作，它的相位误差导致偏移频率$(.f)f_{\text{ref}}$产生VCO小数杂散。有几种方法可以抑制小数杂散。其中一种较为传统的是模拟小数分频补偿方案，这种方案使用累加器和DAC，其理论依据是相位误差波动具有周期性和确定性（图1.22），且可以被跟踪电路消除。这种校正形式称为相位插值，见图1.23。小数杂散被减少到相位内插信号与相位误差完全匹配的程度。现实中，很难实现小数杂散低于−70dBc，做到这一点需要使用精密的DAC、精心设计的相位检测仪以及采样电路。因为插值方案的模拟复杂性，所以这一方案并不适用于大多数应用。

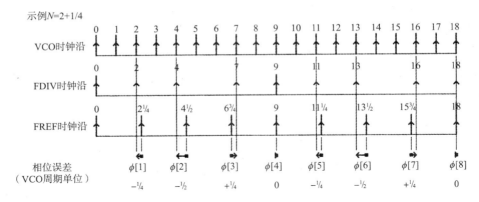

图1.22 小数分频PLL中的周期和确定性相位误差

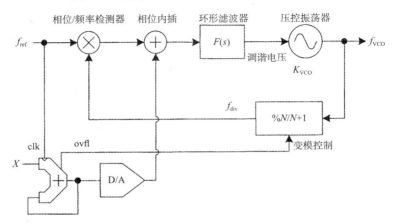

图1.23 组合相位内插的小数分频PLL

第二种方法是使用米勒（Miller）、康利（Conley）[26]和莱利（Riley）等人描述的一个ΣΔ调制的时钟分频器[27]，如图1.24所示。这个方案本质上更为数字化，因为它不依赖上述技术进行精确的模拟元件匹配。同时，这个方案以增加噪声基底为代价，减少小数杂散（图1.26（a））。

图1.25展示的是参考文献［26］中描述的第三阶ΣΔ调制的时钟分频器。它使用了三个累加器，在累加器的反馈路径中执行存储功能。调制器输入是一个固定小数，而输出则是一个小整数流。如参考文献［26］所示，其传递函数为

$$N_{\mathrm{div}}(Z) = .f(Z) + (1 - Z^{-1})^3 E_{\mathrm{q3}}(Z) \qquad (1.20)$$

在这里，第三阶的量化噪声E_{q3}等于第三阶累加器的输出。第一个术语表示的是目标小数频率，第二个则表示小数分频产生的噪声。

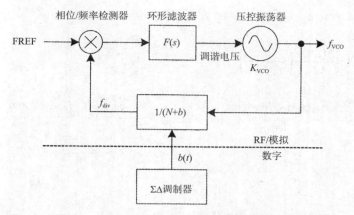

图1.24 使用ΣΔ调制时钟分频器的小数分频合成器

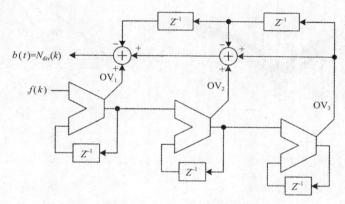

图1.25 MASH-3 ΣΔ数字调制器分频器

图1.26显示的是输出信号f_{VCO}的频谱。它显示了时钟分频比的第一、二、三阶的ΣΔ调制的量化噪声整型属性。第一阶的ΣΔ操作与传统无补偿的小数分频架构一致，它展示了系统的分频比模式，这种模式会产生多余的高频音。这种情况下，量化噪声聚集在离散的频率中，而非像第二阶或更高阶一样，不断传播并汇入噪声基底。图1.26（a）显示了被f_{div}围绕的分频时钟功率谱密度（在第1.1.1节中定义为S_v）。如图所示，第三阶ΣΔ抖动产生大量不可测性，消除了第一、第二抖动阶段清晰出现的全部频率杂散。图1.26（b）显示的是分频时钟相位的PSD（第1.1.1节中定义为S_ϕ），表明二阶ΣΔ抖动产生20 dB/decade高频整型的分频比量化噪声，而第三阶产生40 dB/decade高频整型的分频比量化噪声。环形滤波器中更高频率的噪声就会被滤除掉。相位谱S_ϕ对决定噪声基底起着重要作用，但却不便于处理频率杂散。ΣΔ调制器通常构成单比特调制器的多阶结构[28]。由参考文献[26]可知，式（1.21）中，量化噪声的整型与调制器的阶数m相关联，单位

为rad^2/Hz：

$$L\{f\} = \frac{(2\pi)^2}{12 f_{ref}} \left(\frac{f}{f_{ref}/2\pi} \right)^{2(m-1)} \tag{1.21}$$

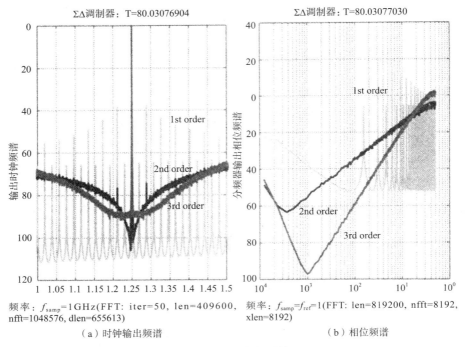

图1.26　ΣΔ分频时钟

　　小数分频频率合成器的架构十分适合间接窄带频率调制，这种调频可以用数字的方式完全实现。只要调制数据速率低于PLL带宽，就可以通过调制频率偏差的瞬时值增加与目标频道相应的平均分频比N的数字指令字。一些研究通过促进调制信号的高频元件的发展，补偿PLL高频衰减量，进而提高数据速率[29]。在均衡的调制信号通过PLL后，调制频谱就可以被重塑为原样。数字均衡器可以进入没有余量的GFSK滤波器中。不过，由于环路补偿的要求比较严格，所以这种小数分频PLL结构并不适用于生产制造。

　　伯灵顿（Bax）和科普兰（Copeland）在参考文献［30］中阐述了数字补偿滤波器和模拟PLL的匹配问题。在这里，重构小数分频PLL并设定ΣΔ鉴频器的位置，该鉴频器的传递函数在反馈路径已经设定为数字并得到较好的控制（图1.27）。最终，留存下来的需要大量匹配的模拟元件便只有VCO。

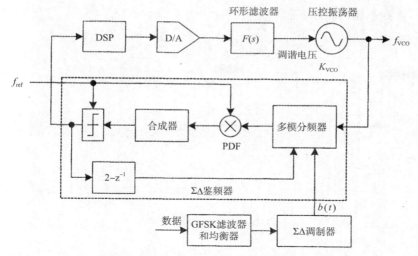

图1.27 调制宽频带小数分频合成器

1.3.3 关于全数字PLL方法

本书描述的全数字技术刚开始被引入时，尚未有对低成本、低功率、采用全数字方式、面向大规模市场的RF移动通信的合成器架构研究成功的报告。不过，关于全数字PLL（ADPLL）合成器则有过一些报道，这种全数字合成器既适用于有线通信电路（如以太网、非同步传输模式、光纤等）的时钟恢复应用，也适用于微处理器和DSP的时钟产生。大多数ADPLL中，振荡器受数字指令控制，模拟调谐电压则不受数字指令控制。控制器的其余部分可以在HDL层次设计出来。然而，为保证在PVT变化的情况下达到目标频带，仍需进行集成SPICE仿真。随着设计规格或流程的变化，必须对振荡器特定大小的晶体管和布局设计进行手动调整[32]。

与RF无线应用相比，上述应用对相位噪声和杂散容量的要求更为宽松。事实上，这些器件都基于环形振荡器结构，这种结构的固有特征是相位噪声相对较差。这种应用的另一缺点是其倍增系数N只能是整数。

这里需要提到梶原先生（Kajiwara）和中川先生（Nakagawa）在1992年发表的论文，他们在论文中描述了仅适用于低频合成器的数字密集型结构（图1.28）。文中阐述了这种基于PLL的传统频率合成器的主要缺点，即频率切换慢，因此这类合成器不适用于使用扩展频谱技术和跳频技术的先进便携式无线设备。另一方面，直接数字合成器的切换时间相当迅速，但却无法直接应用于无线频率。因此，该论文提出了一种基于数字信号处理器（DSP）的相位域PLL结构，这种结构的特点就是切换时间迅速。然而，这种结构也有一个主要缺点，即只能够处理整数分频比。

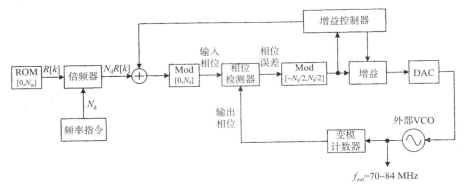

图1.28 相位域PLL（引自参考文献［36］，©1992 IEEE.）

他们同时还得出一个非常重要的研究报告结果，即基准相位和振荡器相位均呈线状分布，相位检测器发现这两者的差异也是线状分布，没有产生杂散，因此无需环形滤波器。这点与具有相关检波器的传统PLL相矛盾，尤其是那些基于电荷泵的锁相环，它们的电荷泵产生大量杂散，需要一个滤波器减少瞬变现象并缩短切换时间（图1.19）。建立更大的环路带宽只需几个基准时钟周期的建立时间。由于没有积累相位误差的环形滤波器，这种合成器的获取时间仅受步进频率的影响。

两个数字相位检测器输入采用的是异步计时法，由此产生了亚稳定性问题。通过DAC将终端电路转换成模拟域，解决了亚稳定性的问题，而且此DAC无需重新采样。由此得出，这种结构不是完全数字化的。本书意在描述低成本、低功耗的全数字合成器的设计技术，这种全数字合成器适用于RF无线通信，具有广阔的市场。

1.4 RF合成器实现

1.4.1 CMOS和传统RF工艺技术

RF前端电路历来由砷化镓（GaAs）MESFET、硅双极结型晶体管（BJTs）、Ⅲ-Ⅴ异质结双极结型晶体管（HBTs）和硅锗（SiGe）HBTs实现，而基带数字信号处理（DSP）和模拟电路则只由CMOS技术实现。随着无线应用的发展重点逐步向个人通信系统（PCS）、无线局域网络（WLAN）以及无线娱乐电子产品等方向转变，重量轻、尺寸小、低成本、低功率、更高层次的集成这些特征也变得越来越重要。这些因素都促进低成本的CMOS技术的广泛使用，这种CMOS技术曾主要应用于有特定用途的集成电路（ASICs）。对使用CMOS技术的RF无线系统的研究逐步深入，主要是因为其基带电路具有的低成本、高收益、更高层次集成的特征。

在器件的物理方面，双极技术有着基础性的缺陷，所以不适用于低电压应用。因为双极晶体管的基极-发射极间电压V_{BE}约为0.7V，且基极-集电极结必须反向偏置，所以在电源只有1V的情况下很难进行操作。相反，MOS晶体管能在低于栅源电压V_{GS}的源漏电压V_{DS}中工作。反过来，可以通过降低MOS装置的阈值电压降低栅源电压。因此，假如饱和电压保持在几百毫伏，就能够给输出的动态范围留下足够的空间。

1.4.2 深亚微米CMOS

随着数字CMOS技术的尺寸越来越小，频率越来越高，在此频率下，CMOS晶体管可以在工作的同时，提供可接受的性能[37~40]。关于RF电路的CMOS晶体管器件，有以下几个品质因数（FOM）参数：截止频率f_T、最高振荡频率f_{max}、最小噪声系数F_{min}、闪烁噪声$1/f$、功率附加效率PAE以及功率增益G_A。用于逻辑应用的常规深亚微米CMOS技术已表现出适用于RF器件的特性[39]。

薄氧化硅界面捕获的载波会产生闪烁噪声，而CMOS器件的扩展会增加$1/f$闪烁噪声。但双极晶体管不会出现这种现象。双极晶体管中，闪烁噪声可以转化为压控振荡器（VCO）的封闭相位噪声，并出现在下变频混频器的输出。幸运的是，由参考文献[37]可知，半电路式的拓扑对称可以去除这种噪声转换机制。

f_T和f_{min}的峰值都已超出亚0.1μm的深亚微米CMOS逻辑器件100GHz，在可预见的未来，此数值预计每三年翻两倍[37]。尽管与最新的锗硅双极型工艺相比，CMOS射频性能长期滞后，但是现阶段，其性能可以充分满足5GHz频段的无线通信。

这使CMOS RF电路满足通信系统的严格要求成为可能。通过努力，可以表明CMOS前端电路的可行性[41~43]，其性能可与BTJ电路相媲美。研究的最终目标是利用CMOS工艺，通过集成RF前端中频（IF）调制/解调电路和数字基带部分的模拟基带信号处理电路，研发单芯片无线电通信。

本书下文提及的数字深亚微米工艺的基本属性成为新典范的依据：在深亚微米CMOS工艺中，数字信号沿转换的时域分辨率优于模拟信号的电压分辨率。

这种工艺与旧的工艺技术形成鲜明对比，旧式工艺技术使用电源电压（最初为15V，后来为5V，最后是3.3V和2.5V）和独立配置。这种独立配置可以减少外来噪声源，以此获得更高的信噪比，在电压域中取得更高的分辨率，但需要花更长的建立时间。由于深亚微米工艺电源电压较低（不高于1.5V），阈值电压相对较高（由于体效应，通常不低于0.6V），可用的电压裕度相当少。此外，大型数据电路周围有大量的切换噪声，使得电压域附近的信号更难分辨。与此同时，MOS晶体管拥有非常好的切换特性，能够在大约数十皮秒或更短的时间内上升下降好几次。

1.4.3 数字集成方法

新崛起的深亚微米CMOS工艺实现晶体管体积快速小型化，设计范式也趋向数字集成，或者借助数字技术[40]。在单片实现中，设计的制造成本不是由使用这种技术的装置数量来衡量，而是由硅芯片面积的大小来衡量，且对实际的电路复杂性只有少许依赖。测试部分的总成本确实依赖电路的复杂性，但许多典型的数字式门电路能够在低测试成本、甚至小模拟电路的情况下取得较高的测试覆盖率。

大约每18个月，数字CMOS工艺就会进入一个新的时代，推动数字门电路密度增加2倍（称为摩尔定律）。如今市面上常见的移动电话都包含了四百万个晶体管。不过，模拟电路和RF电路的使用比例并没有大幅下降，如一种最新的商业CMOS工艺[45]（表1.1），只有0.13μm，但令人吃惊的是，其数字门电路密度高达每平方毫米150K（双输入NAND），这个数字远大于更常规的RF BiCMOS工艺技术能够实现的数量级。集成的LC振荡器使用的一种典型的感应器，所占的硅面积只有0.5mm^2！一个低噪电荷泵或低失真率的镜像抑制混频器（两者皆为典型的RF收发器元件）所占的硅面积大小与这种感应器差不多，这一面积可以承载成千上万的数字门电路，即大量DSP处理器。这些发现激励人们更加积极探寻数字化解决方案。此外，高性能的数字电路和数字信号处理技术可提供"数字支持"，进而提高深亚微米CMOS技术的模拟电路性能[44]。

数字集成型的RF前端结构保持着传统的数字设计流程的优点，其中包括：

• 利用自动化的CAD工具（VHDL或硬件描述语言，合成，时序驱动算法的自动配置和自动布线，寄生参数反标，后布线优化）快速设计周转周期。

• 参数变化更低于模拟电路。

• 测试性良好——自动功能测试缺陷覆盖率好。

- 占硅面积更小，消耗功率更低，随着CMOS技术发展（也称工艺时代）而改善。

- 是硅首次成功使用的一次出色尝试。商业模拟电路通常需要多种设计、布局、反复制造，以满足市场需求。

表1.1 德州仪器0.13μm CMOS工艺的技术参数

互连材料	铜
顶部金属电阻率	≤10mΩ/□
最小金属间距	0.35μm
M1金属与金属中心点距离	0.425μm
晶体管额定电压	1.5V
L_{drawn}	0.11μm
$L_{effective}$	0.08μm
栅氧化层	29A
基板电阻率	≤50Ω·cm

1.4.4 系统集成

最为直接的方法是将各种数字部分与单硅片合并起来，例如把DRAM或闪存植入DSP或控制器。比较难的是模拟基带和数字基带的集成。这里必须注意避免数字噪声通过基底或电源/接地供电线混入高精度的模拟部分。此外，电压裕度低为寻找新电路与架构解决方案增加困难。将模拟基带集成到RF收发器元件面对一系列不同的挑战。

不同部分的合理集成具有以下优势：

- 总体硅片面积更低。在深亚微米CMOS设计中，硅片面积常常受焊盘限制。因此，在单片硅片中植入多种性能，促进芯/焊盘比例最大化。

- 减少元件数量，从而降低封装成本。

- 减少功耗。不需要启动大型外部片间连接电容。

- 印刷电路板（PCB）面积更小，从而节省珍贵的面积。

移动无线通信集成的最终目标是实现单芯片数字无线通信（图1.29）。数字基带控制器通常以数字信号处理器或类似ARM7的微处理器为基础，主要执行向RF收发器接收和输送数字数据流功能，并对一些数字信号进行必要加工，进而将数字数据流转化成用户数据流。DBB控制器执行的操作过程包括数字滤波、数据编码和解码、误码检测和校正。它还实现了GSM[1]移动电话或蓝牙[46]协议板层堆栈设置，它由软件程序控制，存储在非易失性闪存中。RF收发器模块通过信息比特和RF波形进行的相互转换，在物理层实现。先进深亚微米CMOS工艺的完全集成，推动这种性能高端的复杂通信系统以非常简洁且经济的方式实现。

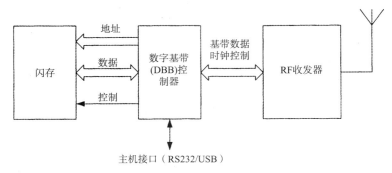

图1.29 终端移动无线集成：单芯片蓝牙适配器

1.4.5 深亚微米CMOS系统集成的挑战

一方面，深亚微米CMOS工艺代表一种新的集成机遇，但另一方面也使得它很难实现传统的模拟电路。比如，低压深亚微米CMOS振荡器的频率调谐是一项颇具挑战性的任务，这种振荡器具有高度非线性的频率、电压特征和低压裕度，使得它易受供电电源/地面电源和基底噪声的影响。在低电源压电路中，不仅信号的动态范围会受损坏，噪声基底的产生也会造成信噪比的严重降低。有时候可以使用特定的方案来解决这种问题，如倍压器[47]。遗憾的是，随着CMOS的栅氧化层逐渐变薄，必须降低电源电压，但电源电压对于避免栅极击穿、增强可靠性来说必不可少[48]。

此外，深亚微米CMOS系统的高度集成产生了大量的数字切换噪声，这些噪声会通过供电网和基底等渠道进入噪声敏感模拟电路[49]。此外，先进的CMOS工艺通常使用低电阻的P-基底，它能够为解决封闭问题提供有效途径，但同时也促使更多的基底噪声耦合进入模拟电路。供应电压的降低使得这一问题更为突出。幸运的是，如今，人们不懈努力，主要IC制造商正在开发具有高电阻率硅基底的CMOS工艺。

基于电路技术设计的电路可以在供应电压不低于2.5V的情况下，与长沟道的

1）GSM原意为"一组特定的移动电话"，但是后来由于市场原因，重新定义为全球移动通信系统。

厚氧化器件进行协调运行，且可以保证RF放大器、滤波器、混频器及晶体振荡器的正确运行。本书采用的工艺，可以优化短沟道的薄氧化器件的运行，在电压仅为1.5V的情况下，作为数字开关运用。

要解决深亚微米RF集成的各种问题，就需要不断发现系统和结构的新变化。本书还研究了关于RF前端的另一种途径和新的架构。这将促使RF部分更好地与数字基带集成。

第②章 数控振荡器

数控振荡器（DCO）是数字RF频率合成器中最关键和核心的部分，本章提出了一个创造性的想法，能够有效提高频率分辨率。

1.1节中讨论到，离散时间振荡器的相位和频率信息不存在于理想的正弦波中，而存在于显著的（上升或下降）沿过渡实例。如果一个过渡时间戳表示任意振幅的正弦曲线的正过零，那么将能提供给大量的相位信息。然而，为便于实际操作，数字信号的频率必须与目标输出信号相同。因此，下降沿过渡自然在正沿过渡之间产生。

从信息论的角度来看，这是表示包含相位和频率信息信号的非常有效的机制。它与1.4.2节中提及的数字深亚微米CMOS工艺的基本优势差不多，都是时域分辨率优于电压域分辨率。

本章所说的振荡器在离散时间域内运行时，是一个只有数字输入/输出（I/O）的单元，不过，它本身的基础功能主要还是在连续时间和连续振幅领域运行。这一点非常重要，因为这能阻止模拟特性沿着层级向上传输，而只在接口层传输，从而使系统的模拟设计、建模和仿真约束得到很大程度的简化。触发器的基本性质和内部构件是模拟的，不过，这里把振荡器类比为触发器，以及触发器在时序数字电路中发挥的基本作用。

这里使用数控振荡器作为执行数频转换器（DFC）的基础，其输出是周期性波形，波形的频率f是关于振荡器调谐字（OTW）输入的函数：

$$f = f(\text{OTW}) \tag{2.1}$$

总体而言，关于数字输入的振荡频率$f(\text{OTW})$是一个非线性函数。对于这个频率函数的认识目前仍不够明确，而且这个函数会因过程展开和环境因素（指电压和温度）而异。频率的瞬时值取决于电源/接地和基底噪声，以及一些随机现象，如热噪声和闪变噪声。DCO建立模块只能达到此功能的绝对最小值，且必须在第3章所述的标准化电路的条件下才能实现。此外DCO为更高级的模块提供了执行自校准的必要手段。后面将会介绍的基本的DCO由带固定电感与可变电容的LC振荡器构建。在数字CMOS工艺中，利用MOS变容二极管就可以有效地实现可变电容。

2.1　深亚微米 CMOS 工艺中的变容二极管

低压深亚微米 CMOS 振荡器具有高度非线性频率、低电压特性和低电压裕度，对其进行频率调谐是一项相当有挑战性的任务。图2.1所示是在传统的CMOS 工艺和深亚微米工艺两种不同工艺中，MOS变容二极管的电容和控制电压之间关系（C–V曲线）的标准代表曲线。在传统的CMOS工艺中，C–V曲线有一个很大的线性范围，利用这个线性范围，可以对频率进行精确而广泛的操作控制。在深亚微米工艺中，线性范围缩小（$\Delta C/\Delta V$的比例很大），而且增益过高（$K_{\mathrm{vco}}=\Delta f/\Delta V$），导致振荡器极容易受到噪声和工作点转换的影响。

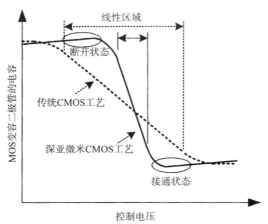

图2.1　传统的CMOS工艺和深亚微米工艺中，MOS变容二极管的C-V
特性曲线（引自参考文献［50］，© 2003 IEEE.）

图2.2所示是在DCO设计中用于获得模式的PMOS变容二极管的C–V曲线实例。数据来自商业 IC 测试结构，在2.4GHz的工作频率下测得。由于在N阱工艺中，PMOS变容二极管（图2.3）具有良好的隔振性能，所以变容二极管使用PMOS变容二极管更适合。PMOS变容二极管的信道长度、宽度和指数增加分别为：$L=0.5\mu\mathrm{m}$，$W=0.6\mu\mathrm{m}$，$N=8 \times 12 \times 2$。在此配置中，源极、漏极和阱均接地。实验表明，在这种工艺中，PPOLY/NWELL反式变容二极管和积累型变容二极管相比，对操作区域的定义更为明确。事实上，耗尽型接通状态下的平坦区域和反转型断开状态下的平坦区域（图2.2）被用作两个稳定的二元控制的工作点。如今，CMOS工艺印刷技术十分先进，使制造体型极小又便于控制的变容二极管成为可能。

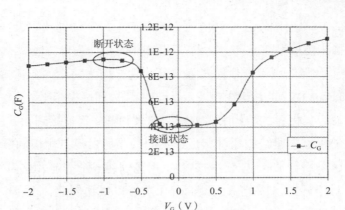

图2.2 PMOS变容二极管的栅极电容和栅极电压之间的关系。0.13μm CMOS 工艺，PPOLY/NWELL，反转型，单向连接栅极，L=0.5μm，W=0.6μm，N=8 × 12 × 2（引自参考文献［50］，©2003 IEEE.）

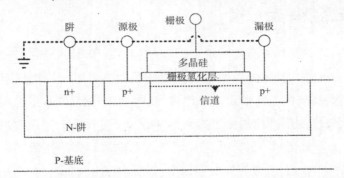

图2.3 用作变容二极管的PMOS晶体管的物理结构，此时，源极、漏极和阱均接地

再看图2.2 和图 2.3，栅极电位V_G在C–V曲线图x轴右端从+2V的电压开始。正向充电的栅极吸引了大量的电子，其中大多数是N阱的载流子。变容二极管的电容值相对较高，因为这种结构的动作类似于平行板电容器，在两个平行板之间只有硅氧化物电介质。栅极导体是电容器的其中一块平行板，N阱中的高度集中的电子形成另外一块金属板。这个工作区域被称为积累型（accumulation mode）。随着V_G的降低，被吸引到栅极下方区域的电子也越来越少，集中程度也越来越低。这导致有效的"底部"板进一步分离，从而降低栅极–阱间电容。一旦栅极电位接近于零变成负值，电子就开始被击退了，在栅极下面形成耗尽区。这种结构属于耗尽型。耗尽区越来越大，电容值则越来越低。V_G逐步降低，到了低于（负）阈值水平V_t，使空穴被吸引到栅极下方的区域。这就形成了空穴导电层，这个工作区域被称为反转型（inversion mode）。因为电容器底板正好在栅极氧化层下方，因此栅极电容再次升高。V_G=–2V时，反型层（inversion layer）很强。

在深亚微米 CMOS 工艺产生之前，图 2.2 中平坦的强反转区（inversion region）的电容即使稍微降低也没有任何实际意义。这是因为使用深亚微米 CMOS 工艺，耗尽层（depletion layer）是建在栅极多晶硅层[51]，和过去相比杂质更少也更薄。

在这种变容二极管的结构中，源极、漏极和背栅都连接到相同的零电位。这与传统的 MOS 电容器结构非常相似，不同的是后者没有源极和漏极。MOS 电容器的反转区采用电子和空穴对的热产生工艺创建一个信道，这需要很长的时间（所需时间以微秒计）。因此，很多信道无法得以成功创建，也不会因为在 RF 频率范围内而被破坏。而在 MOS 变容二极管中，源极和漏极能作为电子现成的大储存器，因此就不会产生上述问题了。

2.2 振荡频率全数控

控制振荡频率的数字方式一般可以归纳如下：使用二进制加权开关电容器件，如变容二极管。使用二级数字控制电压总线，可以分别把变容二极管阵列（图 2.4）切换到高或低电容模式，由此对较高位提供更粗的步进控制，为较低位（LSBs）提供较小的步进控制。为达到很好的频率分辨率，采用模拟方式操作最低位（LSB）（参考文献 [23] 也采用了类似的做法，即采用数字振荡器控制与模拟控制相结合的方式，数字振荡器用于控制 PVT 模式，模拟控制用于获取和追踪）。然而，这种方式需要用到 DAC，而且不能从根本上解决 VCO 增益（K_{VCO}）非线性特性的问题。更好的解决方案[50]就是使 LSB 的数字控制位（或多数位）抖动，进而以更好的方法控制其时间平均值。因此，每个变容二极管只允许停留在两个区域中的其中一个电容感应度是最低且电容差最高的区域。图 2.1 和图 2.2 所示的椭圆区域即为这两个工作区域。

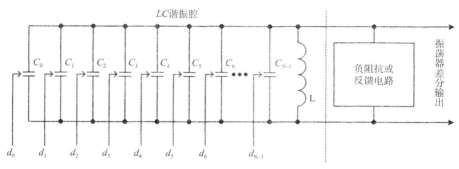

图 2.4 带有开关电容器的电感电容式振荡器（引自参考文献 [50]，©2003 IEEE.）

振荡器实行全数控，使深亚微米CMOS工艺实现全集成，其原因如第1章所述。目前出现了几种基于环形振荡器的DCOs，这些振荡器用于时钟恢复和时钟产生[31~35]，其分辨率和杂散信号水平很低，这两个问题似乎对用于无线通信的数字RF频率合成器造成很大的阻碍。电路和建构技术相结合实现了全数字控制方式，同时实现高频率分辨率、少杂散信号、低相位噪声。

图2.5所示是LSB电容器的高速率抖动的示意图。其原理与前面的图1.21提及的小数分频比抖动相似。输入并不是恒定选择电容C_1或C_2的其中一个（$C_2=C_1+\Delta C$，ΔC为LSB电容器），而是在整个更新周期中进行几次交替，轮流选择C_1和C_2。在图2.5的例子中，总共进行8次输入交替，其中有一次选择C_2，其余的都选择C_1。因此，平均电容值为C_2-C_1的八分之一加上C_1的总和。如果抖动的速率足够快，振荡器输出的寄生信号则很小，趋向于0（附录A）。要注意，时间平均值的分辨率取决于抖动速率。如果没有任何反馈[1]的话，将导致超级周期的形成，抖动速率则必须高于更新周期速率，且为分辨率转换的整数值的几倍（在这种情况下是8倍）。因此，频率分辨率改善程度与抖动速率成比例关系。

图2.5所示的抖动模式不是任意的，会产生可检测的杂散信号。这就是第一阶ΣΔ调制[26]。第3章将会介绍第二阶和第三阶ΣΔ调制随机化，以有效消除原本就不高的杂散信号。

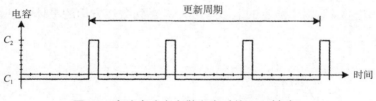

图2.5 高速率改变离散电容时的DCO抖动

2.3 *LC*谐振腔振荡器

图2.4所示是在一个更高的系统中的数控*LC*谐振腔振荡器的示意图。并联而成的*LC*谐振腔的谐振频率由如下公式求得：

$$f = \frac{1}{2\pi\sqrt{LC}} \tag{2.2}$$

振荡器由负阻抗器件产生，通常是建成一个正反馈有源放大器网络。

1）锁相环会自然抖动振荡器输入，以保持一个恒定的均值集成频率误差。

频率*f*可以通过改变电感*L*、电容*C*或者其他一些组合来控制。然而，在单片集成电路实施过程中，改变变容二极管等压控设备电容的同时，保持电感器不变的做法更为实际。由于电容*C*必须是数控方式，故总电容被分为*N*个更小的数控变容二极管，这些变容二极管有可能会按照电容值的二进制加权制，也有可能不会。此时，式（2.2）变为：

$$f = \frac{1}{2\pi\sqrt{L\sum_{k=0}^{N-1}C_k}} \tag{2.3}$$

数控意味着单一的每个电容器（下标*k*）都既可以位于高电容状态$C_{1,k}$，也可以位于低电容状态$C_{0,k}$（图2.1）。单位比特*k*的高低电容状态之间的电容差为$\Delta C_k = C_{1,k} - C_{0,k}$，这是很有效的可变电容。随着电容的降低，振荡频率逐渐升高，因此数控值的增加必将导致振荡频率提高。由此可知，数控状态与电容状态相反，所以数字比特需要反转，由此第*k*个电容器的电容值可表示为

$$C_k = C_{0,k} + \bar{d}_k \Delta C_k$$

事实证明，比特反转执行起来相当方便。图2.6表明提供一个缓冲方案很有必要，这个方案：①可以将"原始"变容二极管输入从充满噪声的数字电路分离出来；②有足够低的驱动电阻，可以尽量减少热噪声和闪变噪声；③为变容二极管的最佳运行建立高低两个稳定的电压等级。考虑到数控方面的具体信息，式（2.3）可以变形为：

$$f = \frac{1}{2\pi\sqrt{L\sum_{k=0}^{N-1}(C_{0,k} + \overline{d_k}\Delta C_k)}} \tag{2.4}$$

图 2.7 所示是指数为*k*的单个二进制加权可变电容器模型，其加权相当于2^k。

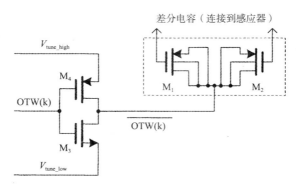

图2.6 差分变容二极管和转换驱动器（引自参考文献［50］，©IEEE.）

基本单元的加权为2^0。下一个变容二极管加权为2^1，不是单个器件占有两个面积，而是两个独立的单元。这是为了更好地进行匹配。它主要确保边缘电场产生的寄生电容可以成比例且更好地进行匹配，这个寄生电容对深亚微米CMOS工艺来说非常重要且又极难控制和建模。每个单元的单位单元数目是前面单元的两倍。虽然组合设备的方法所占的硅片面积总体上稍大于使用单一的较大设备的方法所占的面积，但可以轻松而经济地实现8比特的组合和匹配。

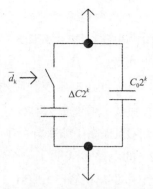

图2.7 指数为k的二进制加权可变电容器模型（引自参考文献［50］，©2003 IEEE.）

d_k数控比特为1时，振荡电路中唯一的电容是加权的C_0倍。此电容会一直存在，因为变容二极管从未真正关闭。因此，它可以被当做一个寄生并联电容。电感L一定的条件下，$C_{0,tot}$的总量决定了振荡器频率的最大值。数控比特为0时，ΔC电容增加的数量是加权的一倍。由此，指数为k的二进制加权电容可表示为：

$$C_k = C_{0,k} \cdot 2^k + \overline{d_k} \Delta C_k \cdot 2^k \tag{2.5}$$

则N个二进制加权电容的总量为：

$$C = \sum_{k=0}^{N-1} C_k = \sum_{k=0}^{N-1} (C_{0,k} \cdot 2^k + \overline{d_k} \Delta C_k \cdot 2^k) \tag{2.6}$$

$$= \sum_{k=0}^{N-1} C_{0,k} \cdot 2^k + \sum_{k=0}^{N-1} \overline{d_k} \Delta C_k \cdot 2^k \tag{2.7}$$

$$= C_{0,tot} + \sum_{k=0}^{N-1} \overline{d_k} \Delta C_k \cdot 2^k \tag{2.8}$$

全部静态并联电容的总数为$C_{0,tot}$，所以可调整元件只有式（2.8）中的第二项中的有效电容。

2.4 振荡器核心

图2.6所示是一个差分变容二极管以及其前面的驱动段[50]。如图2.6所示，转换器的V_{tune_high}和V_{tune_low}供电轨电平要分别和断开状态（$V_{tune-high}$=0.9V）及闭合状

态（$V_{tune-low}$=0V）的两个稳定工作点一致。这个工作中使用的变容二极管是一个差分结构，构建在图2.2和图2.3的基础结构之上。平衡电容位于PMOS晶体管M_1和M_2的栅极之间（图2.6）并连接着M_3或M_4转换器输出，它的源极、漏极和背栅短路。由于现在电压控制应用于背栅和源极或漏极，图2.2中关于反演模式的V_G的负值和减少值便更为有趣。得益于差分结构，一半的单个PMOS电容得以实现，从实际上提高了频率分辨率。

图2.6的电路也表明了一个静态调谐输入对相位噪声的影响机制。两者中，任何一个驱动晶体管（M_3或M_4）开启，其信道电阻都会产生热噪声：

$$\overline{e_n^2} = 4kTR\Delta f \tag{2.9}$$

在这里，$\overline{e_n}$指的是在特定温度T、频带宽度为Δf的情况下，驱动电阻R产生的均方根（rms）开路噪声电压，而k则表示玻尔兹曼常数。比如，频带宽度为1Hz时，50Ω电阻产生约0.9nV的rms噪声。这些噪声进入到稳定的控制电压中，进而会干扰变容二极管的电容。受干扰的变容二极管的电容，反过来会影响振荡器频率，进而产生相位噪声。这些观察表明，应当选取驱动级晶体管的更大W/L的比值来减少驱动电阻，进而减少热电压噪声，促进对C-V曲线（图2.2）上工作状态的慎重选择，使电压噪声对电容产生的影响最小。

图2.8所示是一个理想的DCO振荡器原理图。感应器与一组差分变容二极管平行连接。NMOS晶体管MN_1和MN_2构成第一个交叉耦合对，在LC谐振腔振荡器中形成负电阻。PMOS晶体管MP_1和MP_2则构成第二个交叉耦合对。电源I_b限制了振荡器允许通过的电流量。振荡器的输出属于差动输出，"outp"和"outm"管脚被反馈到差分互补转换电路，其目的是将接近正弦输出调整为矩形，并使它们不受共模电平影响。这种通过双晶体管对的交叉连接形成负电阻的结构见于参考文献［5］。由于用于放大的电流使用两次，所以这种结构因其天生的低功率性而被使用。这种DCO的创新之处在于，使用

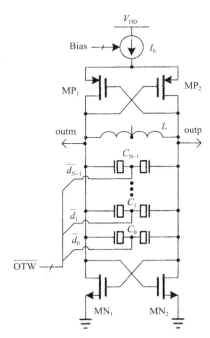

图2.8　采用离散调谐控制方式的DCO振荡器核心

数控变容二极管阵列代替"模拟"变容二极管。本书只研究DCO系统层面的设计，没有提出关于设计RF *LC*谐振腔振荡器的组件和电流层面的详细设计。有兴趣的读者可以查阅参考文献［52］和［53］，了解关于*LC*谐振腔振荡器的更多详情。

2.5 开环窄带数字/频率转换

从性能的角度看，上述操作可看成是数字／频率转换（digital-to-frequency conversion：DFC）过程，由d_k比特（其中$k=0$，1，…，$N-1$）构成的数字指令（digital word）直接控制频率输出f。阐述线性DFC向RF范围直接转换意义不大，不如考虑以下例子：一个振荡器频率在2.4GHz的RF频带中、频率分辨率为1kHz的蓝牙应用程序，要求DFC分辨率至少为22比特。显然，即使使用最先进的元件匹配技术，要达到这种精确度，难度极高。可以实现的最好情况是，达到8~9比特的电容匹配精度[54]且不需煞费苦心制作耗时的多个迭代设计、布局和制造周期的匹配方案。事实上，要想达到高于10比特的分辨率，通常还需要数字误差校正技术[55]。

无线通信的数字/频率转换有一点与一般的数模转换大不相同，这一点可以被充分利用。那就是无线通信传输具有窄带的特征。例如，蓝牙GFSK数据调制方案的正常频率偏移为320kHz，对于一个1kHz的频率分辨率，9比特便足够了（320kHz/1kHz=320 < 2^9）。如果不利用蓝牙的窄带特性，就必须要有一个更大的动态范围以覆盖RF频带的频率信道。80MHz的蓝牙带宽，达到完全1kHz分辨率就需要17比特。另外，应对程序和环境（即电压和温度）的变化需要更多比特，因此可能达到+20%的RF频率。

要解决上述动态范围的难题，最好是降低频率分辨率，即使是在要求一个更大的动态范围时。实现这一点，需要通过逐步降低频率范围和逐渐提高分辨率的三种主要的操作模式，以保持本身就很经济的元件匹配的8比特的精确度（图2.9）。首先，校准由于工艺—电压—温度（process–voltage–temperature：PVT）差别造成的较大的振荡频率不确定性。PVT校准后，就接近于振荡器中所说的中心频率，但与蓝牙频带的中心尚不完全相同。由于这种不确定性可以高达数百兆赫，1或2MHz调谐步骤就可以了。在这种情况下，8比特的分辨率就足够了。接着，是在可用频带内获取所需的操作信道。在8比特的分辨率之下，1/2MHz的步数将超过100MHz，这足以覆盖80MHz的蓝牙频带。

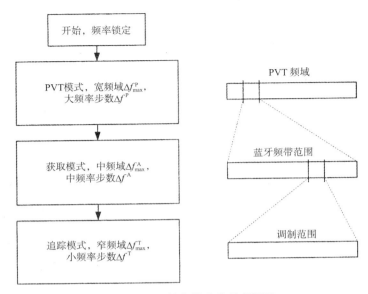

图2.9　DCO操作模式的程序框图

　　最后，以最佳的分辨率和最小的窄带范围在信道内进行基准频率追踪和数据调制。这个方法中，蓝牙频带1MHz的信道间距的分辨率始于第一步（PVT），但因为频率选择网格较粗，可能会涉及多个信道，因此可以实现的最好状态是更加靠近目标信道。恰恰是在第二步（获取模式）时，差不多获取到信道。然而，巧妙选择目标信道只能由第三步（追踪模式）完成，第三步是最为巧妙的一步。因此，追踪模式的动态范围又需要覆盖前一步获取模式的分辨率网格。以蓝牙为例，如果在获取模式中，被分辨出来的频率不超过500kHz，频率调制的范围为320KHz，那么追踪模式的动态范围则需高于10比特［（500 kHz+320/2 kHz）/660kHz < 2^{10}］。

　　从运行的角度看，变容二极管阵列可主要分为三组，分别对应三种常见的操作模式：PVT、获取及追踪。在实际传输或接收开始前，第一组和第二组粗略设定振荡器的目标中心频率，第三组在实际操作中精确控制振荡频率。在PVT和获取过程中，频率范围很高但精度要求相对较低。因此，最好的电容器阵列布置是一个二进制加权结构，总电容为：

$$C^P = C_0^P + \sum_{k=0}^{N^P-1} \overline{d}_k^P \left(\Delta C^P \cdot 2^k \right) \tag{2.10}$$

$$C^A = C_0^A + \sum_{k=0}^{N^A-1} \overline{d}_k^A \left(\Delta C^A \cdot 2^k \right) \tag{2.11}$$

这里，N^P指的是PVT模式中变容二极管的数量，N^A是获取模式中变容二极管的数量，ΔC^P和ΔC^A是LSB变容二极管的单位电容，$\bar{d}_k^P$和$\bar{d}_k^A$分别为DCO调谐字的反转PVT和获取比特。DCO调谐字控制变容二极管设备中的电容。

有一点必须要指出的是，任何时候，只有分属于同一组的变容二极管可以互相转换。因此，只有各组内部的变容二极管需要进行匹配。这是在构件匹配只有8比特的基本分辨率的情况下，实现较高的数字频率分辨率的关键原理。

PVT校正以工作频带的振荡频率为中心，可以在制造、启动或蓝牙工作空闲时间有需要的情况下进行校正。信道选择变容二极管组为目标传输通道控制频率的获取过程。这两组使用单个二进制加权电容结构可以很好地进行实现。但是它们的范围应该略有重叠，以防位于两组调谐范围之间的频率出现遗漏情况。由于控制输入的起点各不相同，因此程序或环境和信道选择之间无需保持二进制加权的连续性结构。PVT校正很少见，通常可以通过注册界面（例如，查阅工厂校正创建的表格）来完成，而信道选择的DCO调谐是动态执行的过程，而且是合成器PLL的一个集成部分。图2.10所示是专用电容器阵列，这些电容器阵列并联构成一个更大的量化电容。只有有效开关电容器才能构成电容阵列。单个并联电容各不相同，因此，可以把它们连接在一起构成$C_{0,\text{tot}}$（式（2.8））。图中还显示了用于高速抖动的小数分辨追踪变容二极管阵列，详见下文。

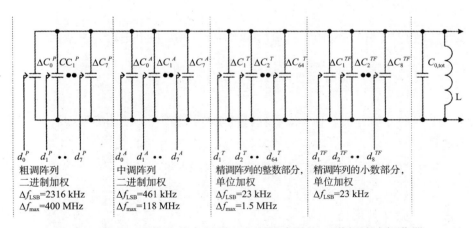

图2.10 带有三种模式的专用分立电容器阵列的*LC*谐振腔式振荡器（以蓝牙为例）（引自参考文献［50］，©2003 IEEE.）

追踪模式操作显示了不同的要求。这种模式的频率范围相对较低，但分辨率相当高。获取模式的二进制加权电容在这里并不适用，原因总结如下：二进制开关噪声（改变1LSB的值可能需要切换多个比特，例如，从十进制31增加到32需要切换6个比特），不同型号的设备匹配不当（一个2×精度匹配电容器很少会在两倍于单个电容器操作面积的区域内实现，通常是相邻排列在同一直线上的两个完全相同的器件在这样大小的区域内），以及其他问题。一组良好的维度相同的单元器件可以构成一个更好的结构，总电容为：

$$C^T = C_0^T + \sum_{k=1}^{N^T} \bar{d}_k^T \Delta C^T \tag{2.12}$$

这里，N^T表示追踪型变容二极管的数量，ΔC^T指每个变容二极管的单元开关电容，而$\bar{d}_k^T$是DCO调谐指令字的反转追踪比特。

与中调阵列相比，精调阵列的相关电容影响比较小，所以，追踪电容器产生的频率偏移可被式（2.3）衍生的df或dC线性化。因此，频率分辨率或LC调谐振荡器的间隔尺寸是工作频率f的函数：

$$\Delta f^T(f) = -f \frac{\Delta C^T}{2C} \tag{2.13}$$

这里，ΔC^T是精调阵列的单元开关电容，C为总电容。频率分辨率是工作频率f的函数，在这项操作中f由LC谐振腔式振荡器的总电容C决定。为了使函数只有一个自变量，式（2.13）与式（2.2）合并为：

$$\Delta f^T(f) = -2\pi^2 L \Delta C^T f^3 \tag{2.14}$$

在蓝牙的例子中，Δf^T=23kHz。从最低频率开始，精调阵列总的频率变化为

$$f^T(f) = \Delta f^T \sum_{k=1}^{N^T} d_k^T = -f \frac{\Delta C^T}{2C} \sum_{k=1}^{N^T} d_k^T = -2\pi^2 L \Delta C^T f^3 \sum_{k=1}^{N^T} d_k^T \tag{2.15}$$

表示一个数的方法有很多种（所有比特的加权都相等），精调阵列编码方法属于冗余运算系统。最简单的编码方式是按预定比特顺序进行编码的一元编码方式。选择一种限制较少的编码模式以促进动态元件的匹配，这一项可以将频率和编码传输函数数据化。在第3章中将对此观点进行详细阐述。

进一步提高频率的分辨率，需要使一个或一些追踪比特在单位时间内进行高速抖动（图2.11）。这些比特属于图2.10独立的小数DCO部分（如：比特$d_1^{TF} \cdots d_8^{TF}$）。抖动通过第一、二、三阶数字ΣΔ调制器执行，该调制器可以产生一个高速率的整数流，其平均值等于低速率的小数输入。时钟抖动由DCO输出通

过使用一个很小的整数对其RF时钟进行分流而来。此方法将在第3章进一步进行介绍。

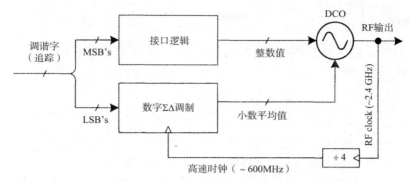

图 2.11 采用DCO变容二极管的ΣΔ抖动得到提高的频率分辨率

DCO工作模式阶数可以用下述方法进行数学描述。启动和重置时，通过预设适当的d_k输入，把DCO设定为中心或自然谐振频率f_c。这就相当于电容为总电容一半或接近一半的变容二极管处于开启状态，以使工作范围在两个范围都扩展到最大限度。LC谐振腔振荡器的总电容值为C_c，则自然频率为

$$f_c = \frac{1}{2\pi\sqrt{LC_c}} \tag{2.16}$$

在PVT模式中，DCO将会设定合适的d^P控制比特以接近目标频率f，故新的总电容$C_{cot,P} = C_c + \Delta C^P$（这里，$\Delta C^P$为有符号数）。因此，PVT模式的最终频率为

$$f_c^P = \frac{1}{2\pi\sqrt{LC_{tot,P}}} \tag{2.17}$$

获取模式从新的中心频率f_c^P开始。这种模式通过设定适当的d^A控制比特以接近目标频率f，故新的电容总量$C_{cot,A} = C_c + \Delta C^P + \Delta C^A$。因此，获取模式的频率为

$$f_c^A = \frac{1}{2\pi\sqrt{LC_{tot,A}}} \tag{2.18}$$

追踪模式从新的中心频率f_c^A开始。这种模式通过设定适当的d^T控制比特以接近目标频率f，故新的电容总量$C_{cot,T} = C_{0,tot} + C_c + \Delta C^P + \Delta C^A + \Delta C^T$。因此，追踪模式的频率由式（2.2）表示。

模式阶数按照图2.9所示程序进行两次模式转换。在这两次模式转换过程中，中心频率迅速切换，且越来越接近目标频率。在PVT模式和获取模式的最后，终端模式的电容器属于冻结状态，现在形成一个新的中心频率（f_c^P或f_c^A）。根据这

个中心频率值，可以计算在随后的跟踪模式中的频率偏移量。

2.6 实现案例

DCO通过LC谐振腔振荡器电容的量化实现频率调谐。DCO有以下三种操作模式，以蓝牙为实现案例，其算术编码、标称频率分辨率以及范围分别为：

- 工艺-电压-温度（PVT）校验模式。此模式多用于冷启动中和其他必要时候，它将DCO标称中心频率移动到蓝牙的频带中心（f_c=2.44GHz）。在进入常规的获取模式之前，PVT模式也可经常用作快速获取模式。此模式使用8比特的二进制加权编码方式。为了实现最佳匹配，单位变容二极管通过指数增加的方式保持二进制加权。例如，对于4比特的编码方式，如果C_0表示单位加权电容，对应的LSB的加权为2^0，那么比特为1、2和3的电容分别使用2个，4个，8个C_0。频率分辨率Δf^P=2316kHz，频率范围$\Delta f_{max}^P \approx$400MHz。

- 获取模式。此模式多用于信道选择。使用8比特的二进制加权编码方式。同样地，二进制加权也是通过单位变容二极管的指数增加的方式保持的。频率分辨率Δf^A=461kHz。频率范围为Δf_{max}^A=118MHz。

- 追踪模式。此模式多用于实际传输和接收信号。使用64比特的单位加权编码方式，小数部分的分辨率则采用8比特的单位加权编码方式。如式（2.13）规定，频率分辨率Δf^T=23kHz，对应电容分辨率ΔC^T=38aF。频率范围Δf_{max}^T=1.472MHz。

频率数通过电容器计算获得，电感器模型由RF模型获得，接着通过SPICE和卡当斯公司的RF频谱仿真（Cadence SpectreRF simulation）进行证实。最后，通过对有效的硅芯片进行实验测量得到证实。

使用的LC谐振电路中的电感器是一个集成平面电感器[5]，为中心抽头八边形结构，由3到5层金属构建而成。它是整片芯片中最大的单体元件，在图7.3中晶片显微照片左下角清晰可见。此显微镜照片表明，在高密度的现代CMOS工艺中，传统RF元件（就数字门而言）的成本高得惊人。这为下面的观点提供了有力的证明，即应选择正确的电路构建和设计方式，从而将传统的RF元件的数量减至最少。

图2.12和图2.13所示是DCO运行中频率遍历的数字例。横轴上的数对应着$X=P$、A、T组时的d^x的十进制数值。小数追踪比特对总频率调谐的积极作用不

大，所以在清晰度方面不将这个因素考虑在内。

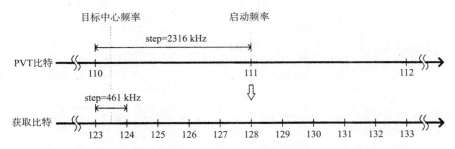

图2.12 DCO的频率遍历的实例：从PVT模式到获取模式。使用编码111将PVT模式校正为蓝牙频带中心（引自参考文献［50］，©2003 IEEE.）

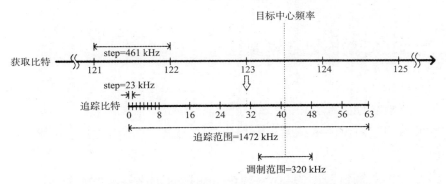

图2.13 DCO实施中的频率遍历实例：从获取模式到追踪模式

假设PVT模式已经通过确定选择PVT编码d^P=111被校准为蓝牙频带的中心（2.44GHz），则获取模式在其重置值的中点d^A=128时启动，此时大约一半的变容二极管指数单元开启，另一半处于关闭状态。进一步进行假设，目标中心频率位于两个信道之间或者低于蓝牙频带的中心信道2MHz的地方。这就相当于获取模式的第四和第五步骤。结果，LOOP首先会在低于起始码128处迅速移动几步，到了距离一个2MHz之外的点时，会在编码123和124之间变换，而无法得到更好的分辨率。本例中，在获取编码为123时，获取模式会向追踪模式过渡。在数据包的持续期间，此代码保持冻结状态。如图2.13所示，追踪模式总是在中点值d^T=31时启动。此示例中，目标中心频率比该点高230kHz左右。这与追踪步骤10相对应。在传输期间，信道两边另一个160kHz被分配到频率调制。

这项操作中，振荡器被构建为一个具有真正的数字I/O的ASIC单元（图2.14），甚至在2.4GHz的RF输出频率的条件下，上升和下降的次数限制在50ps之内。RF信号数字转换器是带有互补输出的差分数字转换器，可以将模拟振荡器波形转换成具有高度共模抑制的零交叉数字波形。

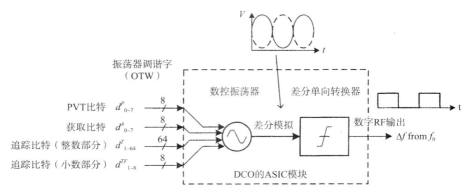

图2.14 DCO作为带有数字I/O的ASIC模块（引自参考文献［50］，©2003 IEEE.）

2.7 DCO的时域数学模型

传统的RF合成器都基于频域模型，而此处描述的离散时间结构基于时域，本节将介绍基本的时域方程以及该构造的建模理念。需要注意的是，近来有很多关于在时域构建RF频率合成器模型的新尝试，如参考文献［57］中提及的小数分频PLL。

设振荡器的额定频率为f_0，对应的额定时钟周期T_0满足$f_0 = 1/T_0$。如果时钟周期缩短了ΔT（图2.15），那么新的时钟周期$T = T_0 - \Delta T$。这将导致振荡器产生更高的频率，为$f = f_0 + \Delta f$。先来确定Δf和ΔT之间的关系。由$f = 1/T$可推出

$$f_0 + \Delta f = \frac{1}{T_0 - \Delta T} = \frac{1/T_0}{1 - \Delta T/T_0} = \frac{f_0}{1 - \Delta T/T_0} \tag{2.19}$$

因为$\Delta T/T_0 \ll 1$，利用近似公式$1/(1 - \varepsilon) \approx 1 + \varepsilon$，式（2.19）可以化简为

$$\Delta f \approx f_0 \frac{\Delta T}{T_0} = f_0^2 \Delta T = \frac{\Delta T}{T_0^2} \tag{2.20}$$

由于频率和时钟周期偏差很小，两者呈近似的线性正比关系

$$\frac{\Delta T}{T_0} \approx \frac{\Delta f}{f_0} \tag{2.21}$$

式（2.21）的线性近似误差如图2.16所示，其中，ε可以为$\Delta T/T_0$或者$\Delta f/f_0$。由于这是合理的频率偏差，所以这个误差可忽略。即使当$\Delta f = 24\,\mathrm{MHz}$时，$\varepsilon = 24 \times 10^6/2400 \times 10^6 = 0.01$，线性近似误差$\Delta T$也只有$-0.01\%$。

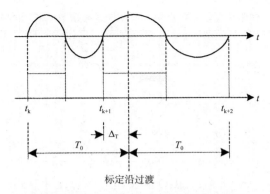

图2.15 由时钟周期误差引起的频率偏差

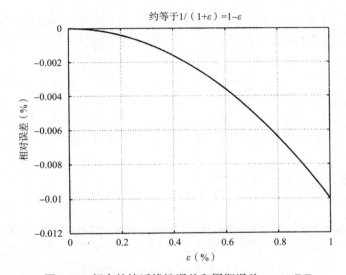

图2.16 频率的接近线性误差和周期误差，$\varepsilon = \Delta T / T_0$

　　本书中，式（2.20）作为换算公式被广泛应用于系统分析和仿真中。如第6章所述，仿真环境属于VHDL，它是事件驱动的数字模拟器，与频率概念无关，其操作仅限于本地时域内。

　　表2.1所示是在蓝牙带宽的开端和末尾附近的几个频率中，1fs（飞秒）[1]的周期偏差造成的DCO频率偏差。很明显，在RF频率中，需要良好的定时分辨率用于时域模拟。事实上，有必要采用VHDL标准提供的最好的1fs定时分辨率。从物理的角度来看，1fs时间的误差对于单次观测来说影响不大，只有它的平均值才有影响。

1）1飞秒是非常短的时间间隔，此间隔内可见光传播的距离小于波长。

表2.1 在蓝牙频带的各点中，时间偏差和频率偏差之间的关系

周期偏差 ΔT(fs)	中心频率 f_0(MHz)	频率偏差 Δf(Hz)
1	2400	5760
1	2402第一信道	5770
1	2440中间信道	5953
1	2480最后信道	6159
1	2500	6250

表2.2所示是各种模式下，DCO频率分辨率与蓝牙频带中部的DCO周期偏差的关系。如图2.17所示，对于频率偏移恒定的振荡器而言，和T_0之间的周期偏差ΔT在一个振荡器时钟周期内会和理想定时实例之间产生$1\Delta T$偏差，在两个时钟周期内产生$2\Delta T$偏差，以此类推。在i振荡器的时钟周期中，累积时间偏差（TDEV）将达

$$\text{TDEV}[i] = i\Delta T = i\frac{\Delta f}{f_0^2} \tag{2.22}$$

如果每一振荡器周期的ΔT值各不相同，那么式（2.22）可以变形为

$$\text{TDEV}[i] = \sum_{l=1}^{i}\Delta T[l] = \sum_{l=1}^{i}\frac{\Delta f[l]}{f_0^2} \tag{2.23}$$

表2.2 各种模式下DCO频率分辨率与蓝牙频带中部的DCO周期偏差之间的关系

模 式	频率分辨率 Δf(kHz)	周期偏差 ΔT(fs)
（压强–电压–温度）PVT模式	2316	390.7
获取模式	461	77.43
追踪模式	23	2.853

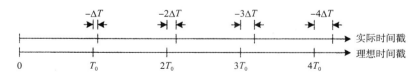

图2.17 累积时间偏差（TDEW）的发展过程

式（2.23）表明，TDEV，即实际定时实例和理想定时实例之间的差，是振荡器频率偏差的一个积分。ΔT的变化方向是缩短周期，以使ΔT和Δf的符号一致。

图2.18所示是时域DCO模型。DCO输入$d[i]$等同于振荡器调谐字（OTW）的符号表示，它对应图2.14中的d^X比特，其中X是P，A，T或者TF。$d[i]$有符号输入会改变其操作频率，改变量为$\Delta f[i]=d[i]K_{DCO}$（这里，$\Delta f[i]$是操作频率和振荡器自然频率之间的偏差）。在每个DCO上升沿事件中，DCO事件输出Δf乘以常数$1/f_0^2$，将会累积。由式（2.23）可知，在i周期的最后，DCO事件输出Δf将会积累TDEL时间偏差。与更常用的s域不同，积累的采样或z域的表示法意味着累积时间偏差仅限于在DCO时钟周期的最后有时钟上升沿的。需要注意的是，由于相位基本上是一个时间积分频率，DCO相位积累完全不依赖于硬件的时间发展过程。定时偏差是衡量"好坏"的标准，是表示目标时间实例之间的偏差量，这种偏差量必须通过反馈循环机制予以纠正，第4章对此有进一步介绍。

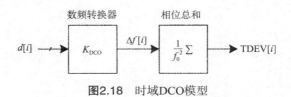

图2.18 时域DCO模型

振荡器的周期偏差ΔT，或是其倒数$\Delta f=1/\Delta T$，也会由振荡器噪声产生。图2.19所示是包含额外振荡器频率噪声的时域DCO模型$\Delta f_n[i]$。

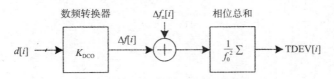

图2.19 DCO时域模型（有噪声）

在下面的章节中，每种模式的频率分辨率Δf被称为DCO增益K_{DCO}，表示为Hz/LSB。振荡频率f称为变频f_V，其原因第4章中将有明确阐述。

2.8 总 结

本章介绍了数字RF频率合成器中心的第一构件——数控振荡器（DCO）。DCO展现出来的特性只有小部分但却也是必要的功能，所以它可以被构造成一个数字I/O的ASIC单元，进而产生一个数字RF输出时钟，对数字输入产生响应。校正传输函数的任务由更高层次的模块执行，这在后面章节有进一步的描述。振荡器要求产生的相位噪声和寄生信号要足够小。

这里提出了一个创造性的想法，即采用几个数控变容二极管阵列取代传统设计中的"模拟"变容二极管。这里利用无线通信系统的窄带特性，进而提出了一种能够有效提高频率分辨率的改进方案。然而，如上所示，经过改进后的分辨率仍然不够高，因而无法应用于RF应用程序。为此，利用LSB变容二极管抖动来解决这个问题。

最后一节中介绍了振荡器的时域模型，在随后的章节中会进一步完整阐述其更多功能，届时该模型也会更加完善。

第 **3** 章 归一化DCO

第2章的数控振荡器（DCO）的功能只是产生原始绝对最小值。本章，将介绍一个用于增加算术抽象层的DCO周边的电路，使得从外部控制DCO变得更轻松。

振荡器频率取决于工艺扩展和环境因素，如电压和温度，并被该层的归一化电路所追踪。因此，本章中所述的DCO是"归一化DCO（即nDCO）"。DCO归一化模块包括一个控制调谐字的精确应用并降低杂散噪声水平的电路。这就是在离散的时域内操作振荡器的其中一个优点，而这是传统的连续时域设计无法做到的。

如第2章所述，DCO作为一个离散时间系统，以最高的I/O水平进行封装。这种思想同样适用于归一化DCO。

3.1 振荡器传递函数和增益

数控振荡器是频率合成器的重要部分。数控振荡器能产生并输出振荡频率f_V。振荡频率f_V是一个关于数控振荡器调谐字（OTW）输出的物理固有函数。函数$f_V = f(\text{OTW})$，由式（2.1）进行定义。

一般而言，$f(\text{OTW})$是一个关于输出的非线性函数。不过，在限定工作范围内，它可以近似地看作一个线性传递函数。此时，$f(\text{OTW})$是表示单纯增益K_{DCO}。因此，式（2.1）可变形如下，这样更具有线性形式：

$$f_V = f_0 + \Delta f_V = f_0 + K_{\text{DCO}} \cdot \text{OTW} \tag{3.1}$$

其中，Δf_V表示和特定中点频率f_0之间的偏差。f_0可以为2.6节所述的其中一个模式调整中心频率。Δf_V必须足够小，才能使函数接近为线性。

K_{DCO}被定义为输出变化为1 LSB时，相对于特定振荡频率的f_V的频率偏差Δf_V（单位是赫兹）。因此，K_{DCO}等于2.7节中所述的Δf频率分辨率（只有在追踪模式中才要求进行精确的K_{DCO}评价，在PVT和获取模式中不要求）。在线性工作范围内，DCO增益还能由下式表示：

$$K_{\text{DCO}}(f_V) = \frac{\Delta f_V}{\Delta(\text{OTW})} \tag{3.2}$$

虽然DCO增益可以被概括为关于特定输入的函数K_{DCO}(OTW)，但是在限定范围内，K_{DCO}应该对于输入具有相当的线性：

$$K_{DCO}(f_v, \text{OTW}) = \frac{\Delta f_v}{\Delta(\text{OTW})} \tag{3.3}$$

3.2 DCO增益评价

由于K_{DCO}增益具有模拟特性，所以受不明确的工艺和环境因素的影响，它是几个未知的系统参数之一，其估计值$\hat{K}_{DCO}$必须被规定。下面也会涉及，在数字领域，$\hat{K}_{DCO}$的估计值完全可以通过相对于过去的DCO相位误差校正的相位误差进行计算。实际上，DCO增益评价包括算术运算，如加法运算甚至除法运算、求平均数运算，可由专用硬件或数字信号程序处理器（DSP）执行。

式（3.2）中的频率偏差Δf_v不能直接测量，除非是在实验室或工厂设定条件下才有可能。不过，由于合成器具有数字特性，Δf_v可以通过利用现有的相位检测电路的功率间接而快捷地进行测量。关于这种方法的讨论将在4.15节进行。

振荡器的增益取决于PVT和频率，所以必须在有需要时才在实际的操作环境中进行评价。这一点对于由电池供电的带有跳频操作的移动电话而言尤其重要。举个例子，调频操作时的电源电压在可调整传输功率下会出现急速的变化。

3.3 DCO增益归一化

如图3.1所示，带有DCO增益归一化$f_R/\hat{K}_{DCO}$乘法器的、抽象程度更高的DCO振荡器在逻辑上包括归一化DCO（nDCO）。DCO增益归一化会将一般而言会影响$\hat{K}_{DCO}$的系统、工艺、电压和温度变化的相位和频率信息解耦。接下来，相位信息被归一化为振荡器的时钟周期T_v，而频率信息而被归一化为外部基准频率f_R值（参照第4.9节）。nDCO的数字输出是一个定点归一化调谐字（NTW）。归一化调谐的整数部分LSB对应着f_R。正如1.1节所示，基准频率是频率合成器的主要基础，故被选为归一化因素。另外，时钟率和离散时间系统的更新操作是由基准频率建立的。

K_{DCO}和不受工艺、温度或电压影响的振荡增益K_{nDCO}形成对比。振荡增益K_{nDCO}被定义为相对于NTW输入的整数部分的1 LSB变化出现的频率偏差（单位是赫兹）。若对于DCO增益的评价准确，则$K_{nDCO}=f_R$；否则

$$K_{nDCO} = f_R \frac{K_{DCO}}{\hat{K}_{DCO}} = f_R r \tag{3.4}$$

无量纲比 $r = K_{DCO}/\hat{K}_{DCO}$ 是一个衡量DCO增益评价的准确度的标准。关于DCO增益评价，具体请参照第4.15节。

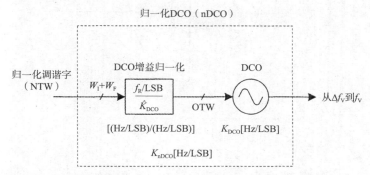

图3.1 归一化DCO的硬件抽象层（引自参考文献［56］，©2003 IEEE.）

3.4 同步优化DCO输入调谐字的重定时原理

图3.2所示是同步优化DCO输入调谐字的重定时原理。这种方式基于这样一种观察：即为了调整振荡器的相位和频率，在正常PLL操作中改变振荡器的调谐控制输入相当麻烦，因为会出现抖动的相位噪声［59~61］。这种情况在振荡频率在离散时间必须发生变化的DCO等采样模式的振荡器的身上尤其明显。LC谐振腔振荡器的振荡频率取决于电压电容转换器（如变容二极管），故电容器里充满了振荡能量的时候最不适合改变电容。必须保持总电量不变，只有这样，才能在这种时候改变电容使得电势出现最大的变化（ $\Delta V = Q/\Delta C$ ），如图3.3（a）所示。振荡将会被振荡器电路进行AM-FM转换并翻译为时间抖动。完全放电时偶尔改变变容二极管的电容不会对电压造成很大的影响，因此也不会造成多大的振荡抖动（图3.3（b））。

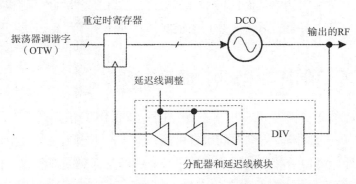

图3.2 DCO输入的同步优化采样和重定时调整（引自参考文献［56］，©2003 IEEE.）

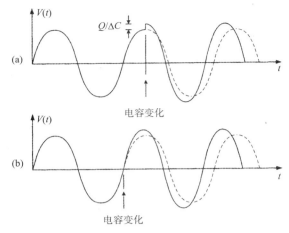

图3.3 *LC*谐振腔振荡器的电容变化时的波形（引自参考文献［56］，©2003 IEEE.）

解决方案就是掌握变容二极管的电容允许发生变化时的定时时机，从而通过调谐字的更新减少抖动。即把延迟振荡器的沿过渡作为时钟输入反馈到同步寄存器重定时阶段，如图3.2所示。就振荡器而言，重定时阶段确保了输入控制数据在振荡器过零之后的准确而最理想的时间点发生变化。反馈环延迟按照算法进行设置，用于减少振荡器抖动。为了进行最优的定时调整，用于控制延迟线值的算法利用了相位误差。相位误差和将要减少的DCO抖动大小有关，现在是一种数字形式（参照第4.3节）并且随时可以进行处理。这个信号的各种统计数据，如均方误差，可以使用数字信号处理硬件进行优化。紧密集成的配套DSP引擎能够在基准频率中把数字相位误差样本传输到自己的存储器并进行后处理。

实际延迟可以通过压控延迟线（如由外部控制电源电压V_{dd}的逆变器的长字符串）实现。延迟线的电压V_{dd}的允许电压范围是有限定的（1～1.8V），故平均每个逆变器的延迟变化产生的作用并不大。然而，该延迟乘以逆变器的总数之后可以超过DCO时钟周期，从而保证了360°全覆盖。注意，沿分配器和延迟线的顺序是可逆的，但从功耗的角度来看，在较低的时钟速率操作延迟线会更有利。

3.5 DCO调谐输入的时间抖动

相位误差经过计算得出，用于按一定间隔校正DCO频率，一般取决于频率基准。这些以一定间隔发生的时间很有可能在输出产生很尖锐的寄生信号。这些寄生信号的性质类似于在第1.3.2节中的小数分频经常遇到的那些寄生信号。振荡器是数字控制的，这使得它在一定程度上能够以如下所述方式使这些事件随机化。应当指出，一般而言，在连续时域内准确地实现抖动是很难的。

3.5.1 振荡器调谐时间抖动原理

图3.4所示是振荡器时间抖动方案背后的原理。每一次更新计算任意时间标记的偏差，而不是像传统那样由频率基准时钟定义均匀的空间间隔和确定的时间间隔，并按均匀的空间间隔和确定的时间间隔计算调谐字，并将其输入振荡器。时移偏差的统计特性将决定有多少频谱的寄生能量会传输到后台。振荡器调谐输入的时间抖动采用其中一种执行方式，即：OTW本身的时间抖动或OTW被计算和应用的实际时间里的时间抖动。

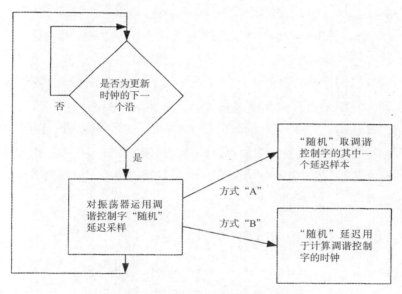

图3.4 振荡器调谐时间抖动的流程图

3.5.2 调谐输入的直接时间抖动

图3.5所示是调谐输入时间抖动方案的大致示意图。振荡器调谐字是一种数字信号，和相位检测操作（将在第4章进行解说）的对照事件同步。如果不使用环路滤波器，在增益阶段（可能在低电平信号条件下）之后，振荡器调谐字通常会被连接到DCO输入。在这个方案中，经过时移之后的OTW信号是伪随机选择的，用以使原本有规律地进行的DCO频率更新的确定时间标记随机化。

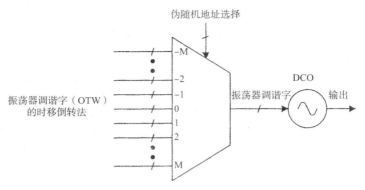

图3.5 DCO调谐输入的离散时间抖动示意图

图3.6所示是一个获取经过时移之后带有延迟阶段的OTW信号的简单的时间因果法。OTW信号的精确离散时间抖动可以通过由高频采样时钟给它重新加上时钟并将该信号传输到延迟移位寄存器的方法获得。多位输入的多路复用器同步选择适当的延迟寄存器链输出。这种方法提供了一种动态补偿的实际DCO重定时，而这种实际DCO重定时是由过采样时钟以频率基准速率分别进行的。离散延迟控制流被进一步限制，以提高产生的OTW信号的良好性质。因此，使用ΣΔ调制时移控制把时间抖动量化能量转换成更高的频率是最有利的，因为在高频率很容易利用振荡器的Q、功率放大器或天线频带滤波器把它滤波出来。调制器应当选择量化噪声特性良好的。

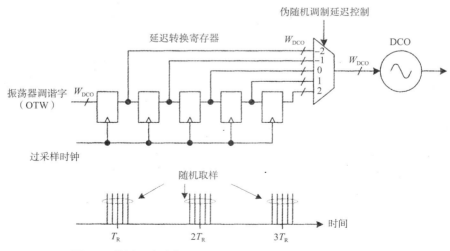

图3.6 使用了多路复用器的DCO调谐输入的时间抖动方式

如图3.7所示，合成器的数字化RF输出将被直接用作高频过采样时钟，或者经过沿分频器[1]模块DIV进行适当地分频之后再用作同用途。在本例中，振荡器被用作一个带有真正意义的数字I／O的ASIC单元，即使在RF（图2.14）中也一样。因此，本电路，甚至是整个归一化DCO，都是以一种数字方式工作。该图还涉及第3.4节中所述的同步优化DCO输入调谐字的重定时方式，它可以和离散时间抖动方式组合使用。

合适的时间延迟（至少覆盖1个RF时钟周期）和沿分频的顺序是可逆的，但是使低重复率的时钟沿延迟所消耗的功率通常更小。

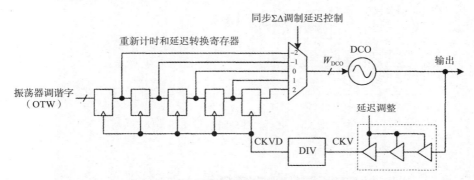

图3.7 DCO同步调谐输出重定时的时间抖动

3.5.3 更新时钟抖动的方案

图3.8所示是改良之后的时间抖动方式（图3.4中的方式B）。作为改良的方式，它不是像之前的方式那样振荡器的调谐字输入随机化，而是使更新时钟（CKU）的过采样沿随机化。该更新时钟之后将被用于产生DCO调谐输入并对其采样。因此，计算调谐字和时间抖动的操作顺序是颠倒的。这就节省了大量的硬件，因为使时钟延迟只需要一个位，这比延迟多个位的调谐字更有优势。数字集成系统的另一个明显的优势就是复杂的OTW计算操作在时间上的传输更随机化，并显示出时间相关性更小，因此能进一步减少频率寄生信号。

在现代RF收发器中，往往是一个硅芯片裸片在同一基板上同时包含一个微处理器和一个DSP。此时，最好的做法是给这些处理器加时钟，使它们和时间抖动更新时钟CKU同步。这样做有两个好处：其一，随机调节时钟周期可以防止具有很强的周期相关性的基板噪声从数字基带到RF部分之间的范围发生耦合；其二，如果处理器时钟相对于合成器更新时钟出现足够大延迟，那么在DSP的"稳定"周期中就会进行相位检测和调谐字调整操作。

1）分频器，沿分频器和时钟分频器在频率合成器设计领域中是可互换的术语。

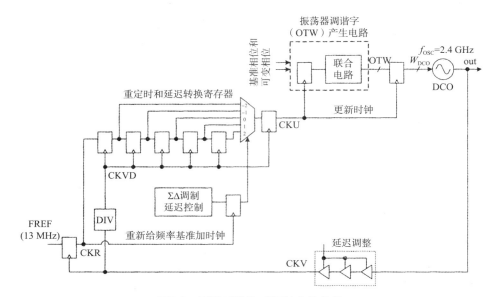

图3.8 更新时钟的时间抖动的实现

3.6 PVT的实现和获取DCO位

图3.9所示是用于图2.9中首先定义过的PVT、获取和追踪共3种操作模式的3种分离DCO回路增益路径的执行方框图。图中左侧的模块（指相位检测器和环增益段）将在第4章进行正式介绍。追踪路径另外拆分为整数和小数成分，这主要是因为它们的时钟速率是不一样的。每个开关电容器阵列（在图2.10中介绍过）分别由一个振荡器连接电路控制。

图3.9中还有被反馈到3个增益电路（分别用于PVT、获取和追踪模式的GP、GA和GT电路）的相位检测器输出信号PHF。由于增益范围有很大不同，每个增益电路使用的是整个范围的相位误差中的不同的子集。增益电路通过相关因素增大相位误差，增益电路由两部分组成：环归一化增益（MEM_ALPHA[1] set to α[2]）和DCO归一化增益（MEM_GAIN set to $f_R/\hat{K}_{DCO}$）。只有第二种归一化乘法器在形式上属于nDCO层，但是出于实际执行的需要，在电路上和回路增益乘法器相连接。增益电路输出的是振荡器调谐字（OTW），这些振荡器命令将控制振荡器控制电路OP、OA、OTI和OTF。

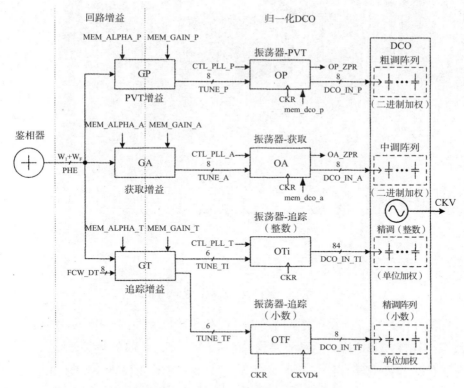

图3.9 DCO回路增益路径的执行方框图

PVT和获取振荡器的连接情况如图3.10所示。两种模式的电容器组都是8位二进制加权布局。它们的直接数字控制在算术上分别体现为式（2.10）和式（2.11）中总输出电容C^P和C^A的无符号数自变量。然而，关于特定中心或"自然"频率，数字PLL控制会在偏移频率下进行自然操作。因此，逻辑控制在本质上使用一种无符号的二补码形式的算术编码表示法。因此，只在连接点才要求一种仅仅转换MSB位转换机制。在这个方案中，$-2^7 \cdots\cdots 0 \cdots\cdots (2^7-1)$映射到$0 \cdots\cdots 2^7 \cdots\cdots (2^8-1)$，故MSB位转换可以看作是把$+2^7$加上8位二补码有符号数字并忽略进位的加法。

经过前面的研究，得到一个重点，即数控振荡器（DCO）的中心频率或自然频率必须要用不同于电压控制振荡器（VCO）的方式进行处理。在VCO中，自然频率在调谐电压输入的零点或接地点（或者在正负电源轨之间）被定义。结果，在两个频率方向都形成最大的调谐范围。然而，就DCO而言，事情就不是那么简单了，尤其是DCO还有多个调谐字。要面临的问题就是自然振荡器调谐频率的一般化。

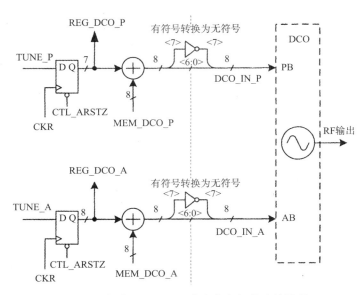

图3.10 振荡器和PVT、获取位之间的连接情况

图3.11和图3.12所示分别是用于PVT位和获取位（即图3.9中的OP模块和OA模块）的连接控制结构，这两种结构几乎是一样的。图3.10所示只是连接的具体情况。图中有两套寄存器存储连接命令。MEM_DCO_P和MEM_DCO_A是控制寄存器的查找表执行的最后一次频率估计，因为要提高环路操作的速度。REG_DCO_P和REG_DCO_A是反馈到控制寄存器的频率偏移状态命令。

复位时，通过驱动寄存器的异步清零CTL_ARSTZ，把DCO放在操作频率范围的中心（可能通过MEM_DCO_P和MEM_DCO_A进行重新定义）。这个机制很重要，它能在调谐字寄存器的随机功率值设置得高于振荡范围时防止振荡器产生振荡。

在操作的活动模式中，新的调谐字在每个时钟周期都被寄存器锁存。在DCO操作模式转换时（图2.9），存储的调谐字的最后一个值由寄存器保持。因此，在常规操作下，在特定时间段内只有图3.9中所示的其中一条连接路径，而之前执行过的模式则保持着最后的DCO控制状态。零相位重启（ZPR）用于使相位的输出归零，以避免在模式转换时在振荡器调谐字中出现间断。ZPR原理的简短说明如下：在模式转换时，最后一个模式的调谐字对应着特定的相位误差值。调谐字现在已经冻结了，故不再需要保持它的相位误差值。不过，新模式总是以上一个模式建立的新中心频率为基准。因此，调谐字不是以绝对相位误差运行的。故必须不断地从新的相位误差值中减去和上一个模式的冻结着的调谐字相对应的上一个相位误差值。更好的解决方法就是使用零相位重启法。使用这种方法，可以通过3种DCO操作模式实现整个过程的不间断（即无干扰）。4.16节将对这种零相位重启法进行更详细的说明。

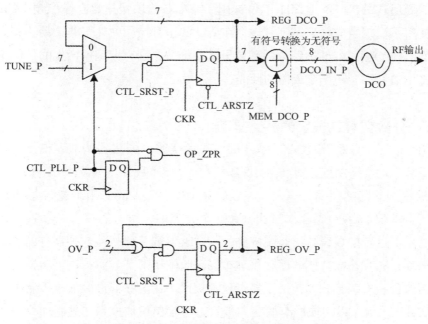

图3.11 振荡器PVT位的控制电路（OP）

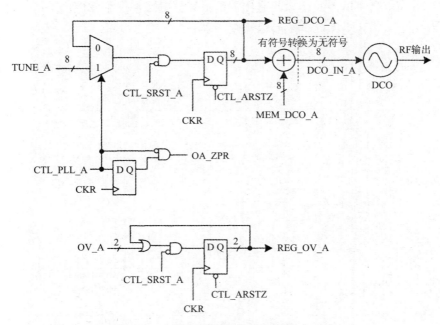

图3.12 振荡器获取位的控制电路（OA）

3.7 追踪DCO位的实现

前面所述的PVT和追踪DCO位被用于在准备阶段快速建立操作频率的中心。一旦使用了稳定合成频率,则它们会在后续的正常操作中处于非活动状态。而另一方面,DCO振荡器的追踪位则需要更注意细节,因为追踪位产生的任何相位噪声或寄生信号都会降低合成器的性能。

3.7.1 分数变容二极管的高速抖动

图3.13所示是提高DCO频率分辨率的示意图。振荡器调节调谐字(OTW)的追踪部由两部分组成:即$W_{TI}=6$整数位和$W_{TF}=5$小数位。整数部分的LSB对应着DCO振荡器的基础频率分辨率。整数部分采用一元编码,用于控制大小等于LC谐振腔振荡器的DCO变容二极管。在这个方案中,所有的变容二极管都是单位加权的,不过转换顺序是已经规定好的。这就保证了单一性,并且有助于实现良好的线性,尤其是在转换顺序和物理布局一致的情况下。由于进行转换的变容二极管的数目并不多于编码转换,瞬态现象被最小化。在二进制加权控制中,仅仅一个LSB代码就可以转换所有变容二极管,但是单位加权和二进制加权相比也毫不逊色。另外,由于所有位的负荷都相等,所以响应代码转换时的转换时间是均等的。下面也会有所涉及,更普遍化的单位加权电容器控制能被用于增加额外编码冗余,运用于各种操作系统的算术改进。

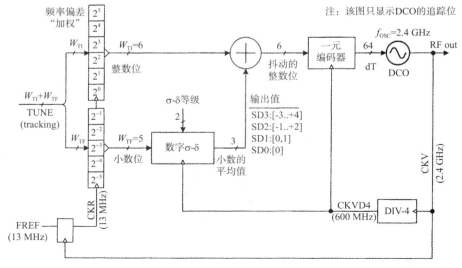

图3.13 利用DCO追踪位的ΣΔ抖动提高频率分辨率(引自参考文献[56],©2003 IEEE.)

　　另一方面，小数部分采用平均时间抖动机制，以进一步提高频率分辨率。平均时间抖动由数字ΣΔ调制器执行。数字ΣΔ调制器产生一种高速率的整数流，整数流的平均值等于低速率的小数输入。数字ΣΔ调制器是衡量无线应用程序DCO分辨率的基础组成部分。在过去20年里，ΣΔ技术被成功地运用于模拟数据转换器领域，由此发展出大量知识，并运用于其他应用程序[62]。

　　附录A说明，如果执行速率足够快，那么由变容二极管的切换而引起的DCO寄生信号可以减少并趋于零。下面将对其影响进行总结。一个简单的一级ΣΔ调制器模式[26]根本就不是随机的，而且有可能产生寄生信号。若LSB变容二极管的频率分辨率为Δf，以速率f_m抖动，那么LSB变容二极管将会在振荡器频率的两侧产生两个寄生信号f_m，寄生信号的功率大小和载波有关，为$20 \log(\beta/2)$，其中$\beta = (2/\pi)(\Delta f/f_m)$。在这种执行方式下，LSB变容二极管的步长$\Delta f = 23\mathrm{kHz}$。若抖动时钟为600 MHz，那么最大抖动率$f_m$=300 MHz（在小数输入为0.5时），产生的寄生信号只有−92 dBc。对调制波形进行傅里叶级数分解表明，对于最慢的非零抖动率f_m=18.75 MHz（对应着的小数输入为1/32）或者更高的抖动率，产生的寄生信号只提高了4 dB，变为−88.3 dBc。虽然对于大部分无线应用设备而言这个水平已经足够低了，但是这不能代表最坏情况。首先，DCO输入和因此产生的抖动率f_m并非不变的，相反地，在正常的闭环PLL操作中会不断变化，因此广泛地传播寄生信号能量。其次，通常选择的ΣΔ调制器被用于在第二或第三级运行，以进一步使抖动模式随机化。鉴于ΣΔ量化能量如此微小，在系统的正常操作中不应该出现相位噪声降低的情况。

　　接下来，调谐字的整数部分将会被加到抖动速率和整数部分一样高的小数部分。因此产生的二进制信号采用一元编码方式，用于驱动64个追踪阵列的变容二极管。使用这种最简单的具体化方式，在算法上把高速率小数部分加到低速率整数部分，从而提高了高速率小数部分的输出和以DCO里的变容二极管为终点的整个信号路径的速率。这里不使用图2.10中的分立DCO小数d^{TF}。下面介绍实现这种方式的更好的方法。要注意的是，由于ΣΔ调制器的群延迟，整数部分和小数部分之间存在一个很小的延迟不匹配，这里有意不纠正这种延迟不匹配的情况。因为抖动的速率很高而量化能量很小，因此产生的相位噪声降低微不足道，所以不需要进行精确的校准。

　　正如2.2节也说明过，那种抖动方式牺牲采样率以得到更合适的频率间隔。举一个设计例，若一个2.4 GHz的DCO的频率分辨率Δf^T=23 kHz，更新率为13 MHz，600 MHz的ΣΔ抖动有5个副LSB，则基准周期或更新周期内单位时间的有效频率分辨

率为 $\Delta f^{T-\Sigma\Delta}$=23 kHz/$2^5$=718 Hz。这里，频率分辨率提高了$2^5$=32，大约等于采样率提高了600 MHz/13 MHz=46.2。

前面所述要点需要进一步进行说明。正如2.2节所述，平均每个基准周期的分辨率提高的最理想值以采样率的提高量为上界。例子中的情况还不够理想。事实上，频率合成器的操作频率分辨率远高于例子所示。操作频率分辨率取决于基准相位累加器（将在第4章进行介绍）小数的字长W_F=15，等于13 MHz/2^{15}=396.7 Hz。这两个频率分辨率之间的差就在于前者假设了一个基准周期，在这个周期中，环路不进行纠正。而后者包括多个FREF周期，在更长的观察周期中利用了PLL平均功率。关于闭环操作将在第4章进行介绍。

$\Sigma\Delta$数字调制器的结构如图3.14所示。$\Sigma\Delta$数字调制器采用3级MASH型结构[28]，而这种结构可以方便有效地降级为更低等级。它由一个600 MHz除以4的振荡器时钟CKVD4定时。由于关键路径跨越所有三个累加器阶段和进位求和加法器，所以原来的结构对于高速设计而言并不是最好的选择。重定时转换的关键路径必须被执行，以缩短仅到达一个累加器就算最长的计时路径，从而能实现600 MHz的时钟操作。由于是高度的标准组件的结构，所以可以通过断开时钟使最后一个累加器无法工作来设置低等级的调制特性（图1.26）。从节省电源的角度来看，这是个首选的方法。

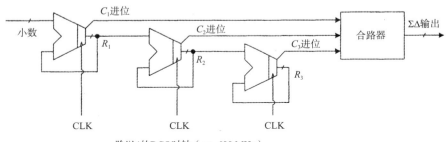

图3.14 MASH-3型$\Sigma\Delta$数字调制器的结构（引自参考文献[56]，©2003 IEEE.）

图3.15所示是$\Sigma\Delta$数字调制器的第一个累加器单元的示意图。"DITHER"是一位的伪随机抖动序列信号，用于提高$\Sigma\Delta$数字调制器的随机性。其主要目的是在小静电或缓慢变化的小数值可能产生低频振荡时使分数调谐字流随机化。使第一个累加器阶段的LSB随机化能有效地打破任何长周期序列。

合路器电路（在图1.25中首次出现）合并这3个单位进位流，以使得到的多位输出能符合3级$\Sigma\Delta$流的谱特性。$\Sigma\Delta$流方程式由寄存器对参考文献[26]中所述的结构进行重定时之后得到：

$$\text{out}_{\Sigma\Delta} = C_1 D^3 + C_2(D^2 - D^3) + C_3(D - 2D^2 + D^3) \tag{3.5}$$

其中，$D \equiv z^{-1}$，为延迟元件操作。必须注意，在数字逻辑中实行时，无符号输出有一个为3的直流偏置，等于否定操作的数目。忽略第三项，或者同时忽略第三项和第二项就可以分别降级为第二或第一级$\Sigma\Delta$。

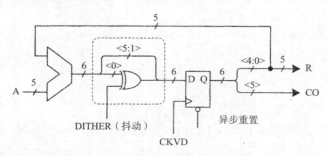

图3.15 $\Sigma\Delta$调制器的第一个累加器单元

如图3.16所示，从低功耗角度来看[56]，是执行整数和小数振荡器追踪控制（图3.9中的OTI和OTF）的首选方式。DCO追踪位的小数路径进行了高速率抖动，现在完全从较低速率的整数部分分离出来了。它甚至有一个专用的DCO输出，仅仅是为了避免由于频繁转换而"影响"其他的追踪位。开关矩阵和行列选择逻辑组合使用，用作一个二进制单位加权编码器，以对应追踪调谐字的整数部分。$\Sigma\Delta$调制器只能对应追踪调谐字的小数部分。两个部分真正的合并是在振荡器的里面通过LC谐振腔振荡器中进行的时间平均电容求和实现。

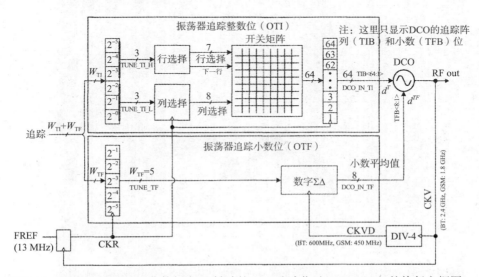

图3.16 整数部有DEM且分数部有$\Sigma\Delta$抖动的DCO追踪位（OTI+OTF）的执行方框图。关键的高速算术运算通过在模拟领域DCO内部进行电容求和执行

选择这种方式的另外一个很重要的优势就是式（3.5）中的合路器的高速运算操作不再重要。图3.17所示是执行方式。所要求只是触发寄存器（用于延迟操作）和双相输出（用于否定）。加法运算在振荡器内部通过电容求和进行。

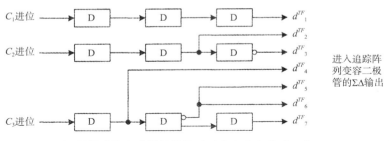

图3.17 ΣΔ调制器进位合路器的结构（引自参考文献［56］，©2003 IEEE.）

图3.18所示是5位小数位的定点追踪DCO调谐字的第二级MASH型ΣΔ调制。定点调谐字（TUNE_T，上图）由6个整数位和5个小数位组成，在13 MHz的基准频率下定时。ΣΔ调制在600 MHz的时钟速率下对5位小数部分进行调制，并输出控制DCO频率的整数流。下图所示，是和整数部分合并的ΣΔ输出流（DCO_IN_TF）。

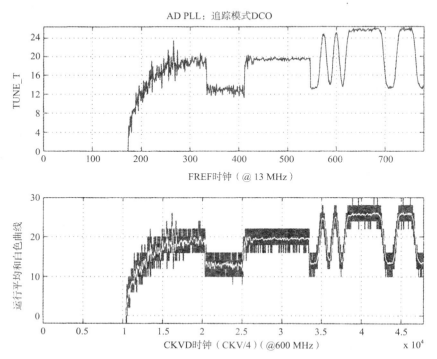

图3.18 使用追踪调谐字的小数部分的ΣΔ调制的仿真图：上图是定点调谐字，下图是经过译码之后的合并DCO整数输出［引自参考文献［56］，©2003 IEEE.］

为了只实现可视化，使用数学的方法把DCO_IN_TI整数流解码为无符号数字表达形式，并加到经过数学方式进行解码之后的DCO_IN_TF有符号小数流。该数学运算由基于VHDL模型仿真器[1]产生的数据文件的MATLAB软件包执行。运行平均和白色曲线如实地反映出定点调谐控制输出的情况。

3.7.2　变容二极管的动态元件匹配

理想情况下，追踪组的每一个单位加权电容器的电容值都等于理想值。但是在实际的制造过程中，电容器的电容值和理想值之间存在一点差距。由于电容器是由图3.9中的整数追踪振荡器控制器OTI来控制开关的，电容值的变化会使输出显示出明显的非线性，如图3.19所示。

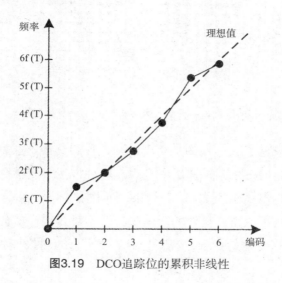

图3.19　DCO追踪位的累积非线性

提高从数字到频率之间转换的线性的其中一个方法如图3.16所示。即，采用动态元件匹配（DEM）法周期性地切换单位加权变容二极管。这种方法如今被运用到DAC中[63]。调谐字的整数部分分为上位和下位。上位进行编码之后能控制开关矩阵的行选择。同样，下位进行编码之后能选择开关矩阵的下一列。单位加权变容二极管的周期性切换在行内进行（图3.20），但会扩展到其他行。不过，对于相同的控制输入，有源开关的数目不会发生变化。

图3.20中，连接着开关矩阵的空行（图3.16中的"下一行"信号）的电容器在每个FREF时钟周期都会进行交替。起初，启用行3的前面3列；到了下一个时

1）仿真方法将在第6章进行介绍。

钟周期，不再启用列1至列3，而启用列2至列4；到下一个时钟周期，启用列3至列5；依此类推。相应地，在每一个周期，被用于64个元件阵列的电容器组就会一点点地发生变化。随着时间的推移，图3.19中的非线性趋于平均数，因此得到一个更准确的输出。

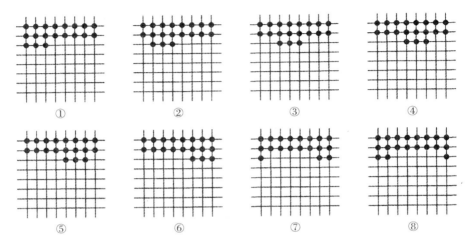

图3.20 通过矩阵行内的周期切换实现的动态元件匹配（引自参考文献[56]，©2003 IEEE.）

使用这种DEM法，被启用的一个行的开关得到交替。开关交替通过在每个时钟周期使被启用的第一列模递增来实现。这种方法可以稍微进行改变，如把每次交替行改为两行（或更多行）。结果，通过在交替中包含更多电容器，在更大的频率范围内可以得到更好的时间平均。不过，付出的代价是重复周期更长。提高DEM频率传输的备选方案就是加长每一行的列数，从而形成一个非方形的矩阵。

开关矩阵的输出位分别和被执行为触发寄存器64个重采样驱动器组相关联，而重采样驱动器被用作触发寄存器。每一个驱动器控制*LC*谐振腔振荡器中的一个单位加权变容二极管。使用CKR时钟进行重采样，由于路径不同，可以消除延迟不匹配，从而使变容二极管转换的定时点一致。这有助于控制寄生噪声。要注意，虽然出于方便运算的角度，图中把开关矩阵显示为一种行列结构，但是在实际执行情况下它并不是一个正规的方格。事实上，几个行可能合并成一条线。

DFC和DAC之间的规格要求的不同主要在于对于可用的控制单元的数目不要求全动态范围。而在DFC应用中，必须要有频率裕度，因为在进入追踪模式之前不主张振荡器正好在规格频率下工作。

3.7.3 DCO变容二极管的重新排列

如图3.21所示，*LC*谐振腔振荡器的64位的整数追踪变容二极管由两个长列组成，小数追踪位变容二极管独立进行排列。然而，控制电路只能固定在其中的一边，这就造成结构的不平衡。在这个不平衡结构中，通向其中一个变容二极管列的路径很短，比到另外一个变容二极管列的路径更容易到达，因此这两个变容二极管的瞬态响应是不同的。另外，由于过程梯度的原因，在空间上离得较远的设备有可能更不匹配。若在操作过程中，变容二极管的选择转换越过列边界，那么可能引起更大的转换干扰。因此，在进入最高级的追踪模式之前，要重新排列DCO的变容二极管，这样"低质量"电容器（距离缓冲器1至64较远的变容二极管）就处于占用状态，使得首选的电容器段的频率动态范围达到最大化。在这种结构下，从快速追踪模式切换为追踪模式成为可能。要注意，在其他设计中，根据不同的布局情况，追踪电容器可以按不同方式进行排列，而且根据到控制逻辑的邻近度，特定一组电容器总是更好的。

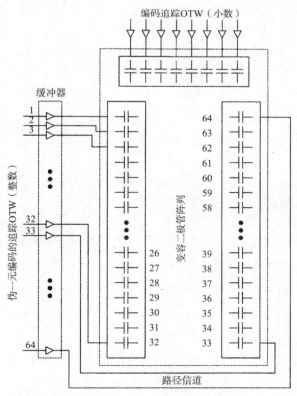

图3.21 追踪电容器的布局图（引自参考文献［56］，©2003 IEEE.）

图3.22所示是提高DFC转换质量的一种方法。初始状态下，每个栏中有一半的电容器开着（用"+"标记），一半电容器关着（用"–"标记）。在快速追踪模式下，为了调整被选定的信道的振荡器的谐振，右栏的电容器被尽可能打开或关闭。若还需要打开或关闭更多的电容器，那么可能要用到左栏的电容器，而且最好使用栏边缘的电容器。信道调谐之后，左栏的电容器将被用于调制和漂移控制。如此一来，最适合的电容器被用于保持环路和在数据被传输时产生信号。注意：虽然图中所示合适的中点位于左栏中间，但是这个中点也可以设在其他任何一个点，只要远离布局和路径的不连续点就行。

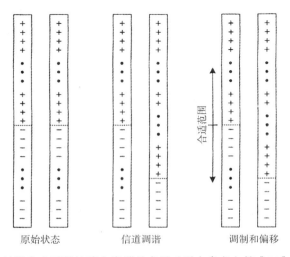

原始状态　　　　　信道调谐　　　　　调制和偏移

图3.22　初始设定之后的追踪电容器的布局（引自参考文献［56］，©2003 IEEE.）

3.8　时域模型

nDCO时域模型如图3.23所示。该模型建立在图2.18中所示的DCO时域模型的基础上。若DCO增益得到正确的评价，那么nDCO输出的归一化调谐字NTW（记为"$\hat{d}[i]$"）的操作频率将会发生变化，为$\Delta f_V = \hat{d}[i]f_R$。在每个DCO上升沿，$\Delta f_V$乘以常数$1/f_V^2$将会增加（参照式（2.22））。增加值由基准频率的倒数$T_R = 1/f_R$决定。T_R和最小振荡频率f_V有关，即$T_R = NT_V$，其中N为传统意义上的（或者说是小数部分的）PLL分频率。在倒数T_R间距中，假设$\tilde{d}[i]$分频调谐输入不变，在f_V的N周期到了最后阶段，增加的时间偏差造成的采样差TDEV为

$$\text{TDEV}[k] - \text{TDEV}[k-1] = N\Delta T = N\frac{\Delta f_V}{f_V^2} = \tilde{d}[i]\frac{Nf_R}{f_V^2} = \tilde{d}[i]T_V \qquad (3.6)$$

其中，$k=i/N$（由于N可以为小数）。来自nDCO的样本以DCO的速率工作，相位检测器按照基准时钟进行工作。改变数据传输率，可以使用采用一阶内插计算的采样器。

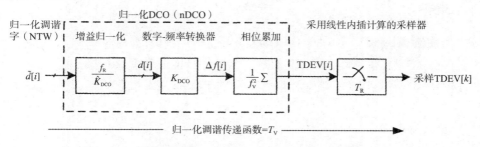

图3.23　nDCO时域模型（引自参考文献［56］，©2003 IEEE.）

正如2.7节所述，DCO相位累加器与一切硬件无关。它仅仅反映工作的时间进程。不过，采样机制需要特定的能定期而快速地观测变化着的TDEV的硬件。

图3.24所示是第4章的大致内容。nDCO中增加了一个通用硬件电路。这个硬件电路能够检测TDEV，并将其转换为数字位的格式。同时，它还能通过对DCO振荡器时钟周期（T_V）实行归一化，将其定义为单位间距（UI），以应对棘手的时间单位的问题。该图并没有推荐一个特定的机制，而仅仅是以算法的形式介绍了一个能检测振荡器的任何频率偏差和相位偏差的时间偏差检测器，而频率偏差和相位偏差将反馈为环路校正。传递函数由归一化调谐字输入并从检测器输出，在一个频率基准时钟周期中为1位。一个ϕ_E和$\tilde{d}$的数字计数器或滤波器将会产生锁相环。关于锁相环将在第4章进行介绍。

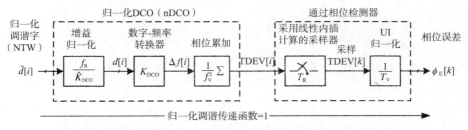

图3.24　带有通用相位检测器的nDCO时域模型（传递函数为1）

3.9　小　结

为了更轻松地操作数控振荡器，本章介绍了原始数控振荡器第一层的算术抽象概念。这个临时模块的主要任务是实现DCO归一化，以使DCO传递函数很大程度上独立于工艺和环境因素。本章还介绍了另一个改进之处，如通过ΣΔ抖动和动态单元匹配提高频率分辨率。这个层服务于上面的层隐藏执行细节的目标，以使上面的层的算法和执行更加简单。

　　图3.9右侧中有一个关于归一化DCO层数据路径部分的方框图。数据路径部分由振荡器接口（OP、OA、OTI和OTF）和用于各个操作模式的归一化增益模块（GP、GA和GT的第二部分）组成。K_{DCO}评价的非数据路径操作由软件执行。非数据路径操作利用了全合成器的特点，具体将在下面的章节进一步介绍。

第 ④ 章 全数字锁相环

第3章中，归一化数控振荡器以开环的方式实现数频转换（DFC）。由于自身相位和频率的漂移，这种数频转换的稳定性非常差。本章描述的是一种相位校正机制，如图1.1所示，基准频率输入建立了一种稳定的参考相位，通过这种相位校正机制，输出相位以及频率与稳定的参考相位进行比较，从而实现定期校正。由此一来，合成器的长期频率稳定性与基准频率才能相匹配。这种相位校正机制通过对DCO时钟产生的基准输入锁相完全在数字域中执行。它的构成模块的设计与构建也遵从同样的数字方法。

按照参考文献［33］中的锁相环（PLL）的分类法，本章描述的频率合成器的本质是半模拟电路，并不是典型的数字锁相环（DPLL），而是全数字锁相环（APLL），所有构成模块在输出/输入层面上都被定义为数字。它彻底地使用数字设计和电路技术。它的核心部分是数控振荡器（DCO）。数控振荡器类似触发器，它的内部构件是模拟的，但这种模拟的本质不会越过其自身界限进行传播。这允许环路控制电路能够以纯数字的方式实现，如图4.1所示。

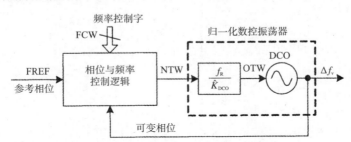

图4.1　全数字锁相环架构中的数控振荡器

本章还将介绍变速和零相位再启动技术，它与合成器锁相环协同工作，当工作频率达到所需频率时，控制分辨率的逐步求精。这些技术运用了图2.9所示的算法。

4.1　相域运算

姑且将可变振荡器（DCO或者VCO）输出的实际时钟周期CKV定义为T_v，将参考频率FREF的时钟周期定义为T_R。假定振荡器比现有的参考时钟明显运行得更快，$T_v \ll T_R$，对于RF合成器情况正是如此，产生的Multi-GHz RF载波频率数量级上比典型的10～40MHz晶体基准的高。为了简化初步分析，让我们再进一步假设：实际时钟周期频率是常量或者时间恒定的。

CKV和FREF上升沿瞬态时间t_v和t_R分别由下列公式决定：

$$t_v = iT_v \tag{4.1}$$

$$t_R = kT_R + t_0 \tag{4.2}$$

这里$i=1，2，\cdots$；$k=1，2，\cdots$分别是CKV和FREF上升沿序号，t_0是两个时钟的初始时间差。

将式（4.1）和式（4.2）归一化，得到无量纲的可变"相位"和参考"相位"：

$$\theta_v \equiv \frac{t_v}{T_v} \tag{4.3}$$

$$\theta_R \equiv \frac{t_R}{T_R} \tag{4.4}$$

θ_v和θ_R分别用CKV和FREF的上升沿序号k和i表示，由此可得：

$$\theta_v[i] = i \tag{4.5}$$

$$\theta_R[k] = k\frac{T_R}{T_v} + \frac{t_0}{T_v} = kN + \theta_0 \tag{4.6}$$

因此，CKV的归一化瞬态相位可通过对上升沿个数的累积估算得到：

$$R_v(iT_v) \equiv R_v[i] = \sum_{l=1}^{i} 1 \tag{4.7}$$

FREF的归一化瞬态相位可通过频率控制字（FCW）求得：

$$R_R(kT_R) \equiv R_R[k] = \sum_{l=1}^{k} FCW \tag{4.8}$$

$R_v[0]$和$R_R[0]$不是临界的，但为了方便，这里统一假设为0。

FCW被定义为期望输出信号频率和参考频率的比值：

$$FCW \equiv \frac{\varepsilon(f_v)}{f_R} \tag{4.9}$$

参考频率通常具有优秀的长期精度，至少与可变振荡器相比是如此。基于这个原因，我们不对f_R使用期望算子。FCW控制一般表示为由整数（N_i）和小数（N_f）

两个部分组成：

$$FCW = N = N_i + N_f \tag{4.10}$$

又或者以平均意义下的两个时钟周期的比将其定义为：

$$FCW \equiv \frac{T_R}{\varepsilon(T_V)} \tag{4.11}$$

这里 $\varepsilon(T_V) = \overline{T_V}$ 是振荡器的平均时钟周期。式（4.11）给出了另一个相域运算的解释。FCW的值决定了多少高频CKV时钟会被包含在一个相对低频的FREF时钟内。这表明可以通过计算CKV时钟的数量并除以FREF周期数来获得估测。在这里也应该进一步指出，由于数控振荡器DCO的相位噪声效应，瞬时时钟周期比可能会轻微下降。然而长期的数值应该是十分精确而且无限接近FCW的。

在稳态条件下，锁相环（PLL）运算会在可变相位 $\theta_V[i]$ 和参考相位 $\theta_R[k]$ 之间实现一个零或者恒定的平均相位差。由于时间样本的非线性，试图用公式表达相位误差为无单位相位差 $\Phi_E = \theta_R - \theta_V$ 的做法不可取。这将在4.2节中说明。

用相域信号运行PLL的另一个优点是可以降低对鉴相器频率检测功能的要求。这允许PLL像I型（由于DCO频率-相位转换，只有一个积分极）一样工作，并且能够消除鉴相器和振荡器输入电路之间的低通环路滤波器，从而产生高带宽和对PLL的快速响应。在这也需要指出传统的锁相环，比如基于电荷泵的锁相环（图1.19），并不是真正意义上的在相域中运行。在此，相位建模只是锁定条件下的一个小信号的近似值。传统锁相环的基准与反馈信号均基于沿，其最短距离则计算为相位误差的变形。Gardner把这形容为"把时控逻辑电平转换为模拟量"[21]。错误的频率锁定是由于没有真正地在相域中运行直接导致的缺陷，它需要一些额外的措施，比如使用相位/频率检测器。

4.2 重组时钟

必须承认的是，4.1节所述的两个时钟域并不是完全同步的，而且想要以两个不同的时间间隔 t_V 和 t_R 物理地比较两个数字相位值并避免亚稳度问题是十分困难的[1]。在频率采集期间，它们的沿关系是未知的，而如果小数FCW是非零的，在锁相期间沿就会显示循环。因此，数字相位比较在同一个时钟域中进行是有必

1）数学上来说，$\theta_V[i]$ 和 $\theta_R[k]$ 是具有不兼容的取样时间的离散信号，没有某种插值排序不能直接地进行比较。

要的。实现这点，需要利用高频的CKV信号对FREF进行过采样（图4.2）[1]，同时使用生成的CKR时钟累计参考相位$\theta_R[k]$并对高速率DCO相位$\theta_V[k]$进行同步采样，主要是抑制高频转换。

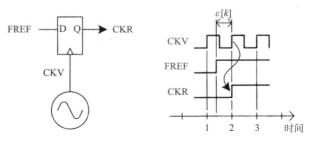

图4.2　通过重组时钟参考频率同步时钟域的概念图

在重组时钟CKR上升沿处，对$R_V[i]$与$R_R[k]$进行取样，使CKV与FREF瞬时相位同步，因此，在第k个CKR上升沿时刻，CKV与FREF瞬时相位可表示为：

$$\theta_V[k] = \theta_V[i]_{iT_V} = [kT_R] = \lceil kN \rceil \tag{4.12}$$

$$\theta_R[k] = kN + \theta_0 + \varepsilon[k] \tag{4.13}$$

这里，$\varepsilon[k]$是CKV时钟上升沿采样时刻的量化误差。

$\varepsilon[k]$可以进一步地通过其他方式进行估测和校正，例如小数错误校正电路。这个运算作为$N = 2\frac{1}{4}$的整数域量化误差的范例将在图4.3中阐明。与$\varepsilon[k]$不同，如图1.22所示，$\phi[k]$表示对DCO沿进行取整，是相位误差的传统定义，表示对最邻近的DCO沿取整。校正信号的准确定义并不是特别重要，重要的是它具有一致性并且能够提供正确的负反馈。

图4.2可以认为是DCO时钟转换整数域的量化，它的每一个CKV时钟上升沿都是下一个整数，而且FREF的每一个上升沿都是实数值。由于系统一定和时序有关，因此只能真实地对下一个DCO边沿进行量化处理，而非最靠近的DCO边沿（四舍五入到最近的整数）。

1）重组时钟电路在实际中更加复杂，在4.7节中有相关讨论。

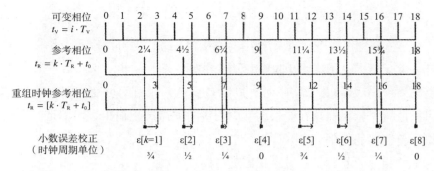

图4.3 $N = 2\frac{1}{4}$ 的整数域量化误差（引自参考文献［65］，©2005 IEEE.）

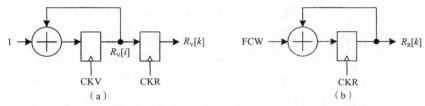

图4.4 （a）可变相位 $R_V[k]$ 和（b）参考相位 $R_R[k]$ 估测器的硬件实现

这组相位估计式（式（4.7）和式（4.8））可由采样的可变相位扩展为

$$R_V[k] = \sum_{i=1}^{i} 1 \Big|_{iT_V = \lceil kT_R \rceil} \tag{4.14}$$

参数 k 是重组时钟 CKR 的第 k 个上升沿，而不是参考时钟 FREF 的第 k 个上升沿。它勉强地包含 CKV 时钟跃迁的一个整数。如图4.4所示，$R_V[k]$ 实现为一个加法器，其后接着触发器寄存器，而 $R_R[k]$ 实现为一个累加器。

表4.1简单阐述了已描述的架构所使用的主时钟。因为重组导致时钟边沿产生位移，CKR时钟很可能会产生不同于平均频率的瞬时频率。

表4.1 ADPLL 时钟名称

符 号	名 称	频 率
CKV	可变（DCO）时钟	f_V
FREF	参考频率	f_R
CKR	重组时钟参考频率	f_R

4.3 鉴相器

相位误差 $\Phi_E[k]$ 是参考相位 $\theta_R[k]$ 和可变相位 $\theta_V[k]$ 之差：

$$\phi_E[k] = \theta_R[k] - \theta_V[k] \tag{4.15}$$

此外，弧度在这里并不是一个很有用的测量单位，因为环路在可变周期的整数和小数部分上运行，使用纯无单位变量更为准确。

最初在4.1节做的关于实际时钟周期是恒定或者时间可变的临时假设在这一点上可以放宽。鉴相器现在会根据实时时钟时间戳产生输出，而不是产生检测到的相位误差恒定的斜率。

这里的相位误差可以通过鉴相器进行硬件估测：

$$\widehat{\phi_E}[k] = R_R[k] - R_V[k] + \varepsilon[k] \tag{4.16}$$

如图4.3所示，传统的相位误差定义为参考相位和可变相位之差，在这里需要进一步扩展以便解释量化修正 ε。

以独立整数和小数部分来重写式（4.16）是可能的，因此参考相位的整数部分 $R_{R,i}$ 被加到仅整数的 R_V，而参考相位的小数部分 $R_{R,f}$ 被加到仅小数的 ε：

$$\widehat{\phi_E}[k] = (R_{R,i}[k] - R_V[k]) + (R_{R,f}[k] + \varepsilon[k]) \tag{4.17}$$

根据式（4.17），小数误差校正 ε 是用来追踪参考相位 $R_{R,f}$ 的小数部分，这与可变相位 R_V 追踪参考相位 $R_{R,i}$ 的整数部分的运算相似。因此，三项相位检测机制在整数和小数部分彼此独立的路径上执行双相位误差追踪。由于明显不同的算术运算，小数项追踪应该与整数项追踪形成对比。在整数部分中，这两项应该理想地减少到-1，相反，在小数部分，这两项应该理想地增加到1。这个运算是 ε 的定义导致的结果，而且对电路复杂性没有影响。即便产生偏差为1的结果，也很容易通过可变相位累加器吸收。

表4.2概述了主要相位域信号以及稍后使用的执行符号的对照。对于本书所述的架构实现，$W_1=8$，$W_F=15$。

表4.2 相位检测信号名称的对照

数学符号	执行符号	名　称	总线宽
N	FCW	频率指令字	$W_1 + W_F$
$\theta_R[k]$	—	参考相位	—
$R_R[k]$	PHR	参考相位（预计）	$W_1 + W_F$
$\theta_V[i]$	—	可变相位	—
$R_V[i]$	PHV	可变相位（预计）	W_1
$\theta_V[k]$	—	采样可变相位	W_F

数学符号	执行符号	名 称	总线宽
$R_V[k]$	PHV_SMP	采样可变相位（预计）	W_1
$\varepsilon[k]$	PHF_F	小数误差校正	W_F
—	PHF_I	TDC跳沿	1
$\phi_E[k]$	PHE	相位误差	$W_1 + W_F$

图4.5是式（4.16）的相位检测总体框图。图中包括了鉴相器自身，而它又是运行在三个相位源上的：即参考相位$R_R[k]$、可变相位$R_V[k]$和相对误差校正$\varepsilon[k]$。实际可变相位$R_V[i]$由以i为参数的CKV时钟计时，而且必须由以k为参数的CKR时钟重采样。在PHV重采样之后，三个相位源都与CKR时钟同步[1]，这保证了作为结果的相位误差$\Phi_E[k]$也是同步的。框图归纳在表4.3中。

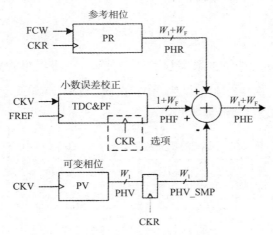

图4.5 相位检测的总体框图

表4.3 相位检测模块的名称

PV	可变相位累加器（加法器）
PR	参考相位累加器
PF	小数误差校正
TDC	时间数字转换器（PF的组成部分）
PD	鉴相器

图4.6揭示了鉴相器电路的内部结构。所有的输入电路都是同步的。定点相位信号的整数和小数部分都被独立地以适当的位同步分离和处理。整数部分使用

1）基于实际执行的考虑，可用CKR对TDC输出进行重新采样。

模运算，因此W_I宽度的反转是意料中的正常现象。

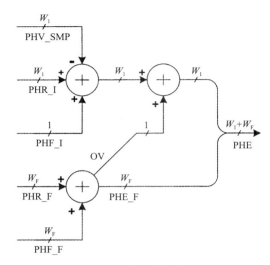

图4.6 鉴相器结构

表4.4是图4.3所示范例的数字版本。它展示了一个理想的情况：当所有的时钟沿同时发生时，导致$\widehat{\phi}_E[k]$的结果是0。然而，如果CKV或者FREF时钟的实际周期不同，这个误差会变成非零的。

表 4.4 图4.3的相关数字范例（$N=2.25$，$\theta_0=0$）

i	$R_v[i]$	k	$R_v[k]$	$kN+\theta_0$	$\varepsilon[k]$	$R_R[k]$	$\widehat{\phi}_E[k]$
0	0	0	0	0	0	0	0
1	1	0	0	0	0	0	0
2	2	0	0	0	0	0	0
3	3	1	3	2.25	0.75	2.25	0
4	4	1	3	2.25	0.75	2.25	0
5	5	2	5	4.50	0.50	4.50	0
6	6	2	5	4.50	0.50	4.50	0
7	7	3	7	6.75	0.25	6.75	0
8	8	3	7	6.75	0.25	6.75	0
9	9	4	9	9.0	0	9.0	0
10	10	4	9	9.0	0	9.0	0
11	11	4	9	9.0	0	9.0	0
12	12	5	12	11.25	0.75	11.25	0

4.3.1 全数字锁相环运算的差分模式

式（4.16）表述的是相位误差硬件评估，在这里又一次出现：

$$\widehat{\phi}_E[k] = R_R[k] - R_V[k] + \varepsilon[k] \tag{4.18}$$

上一个在k-1的相位误差样本可以简单地表示为：

$$\widehat{\phi}_E[k-1] = R_R[k-1] - R_V[k-1] + \varepsilon[k-1] \tag{4.19}$$

对于参考相位的式（4.8）在这里以累积形式重写为：

$$R_R[k] = R_R[k-1] + FCW \tag{4.20}$$

类似的，式（4.14）的可变相位重写为

$$R_V[k] = R_V[k-1] + \Delta R_V[k] \tag{4.21}$$

这里，$\Delta R_V[k]$是整个CKV时钟周期在重定时FREF时钟（CKR）的两个连续沿之间的一个数字。把式（4.20）和式（4.21）代入式（4.18），可得：

$$\widehat{\phi}_E[k] = (R_R[k-1] - R_V[k-1]) + (FCW - \Delta R_V[k]) + \varepsilon[k] \tag{4.22}$$

进一步替代式（4.19）简化相位误差式为：

$$\widehat{\phi}_E[k] = \widehat{\phi}_E[k-1] + (FCW - \Delta R_V[k]) + (\varepsilon[k] - \varepsilon[k-1]) \tag{4.23}$$

式（4.23）以图像形式显示在图4.7中，是ADPLL鉴相器输出的差分形式，将在未来的设计中使用。

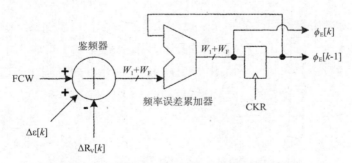

图4.7 使用ADPLL运算差分模式的鉴相器

4.3.2 整数域运算

如果$\varepsilon[k]$无法估测，则这个运算在相位域中可以由参考相位的上限运算抵消：

$$\widetilde{R}_R[k] = \lceil R_R[k] \rceil \tag{4.24}$$

参考相位$R_R[k]$是一个定点算术信号，具有足够大的小数部分来达到所需要的频率分辨率，遵循式（4.10）。式（4.24）的上限运算可以简单地在硬件中通过舍弃小数位并增加整数位实现[1]。事实上，以上所述与式（4.17）非常一致，其中ε通过刚好补充参考相位小数部分到1来追踪参考相位小数部分，如$R_{R,f}[k] + \varepsilon[k] = 1$：

$$\widetilde{\phi}_E[k] = R_{R,i}[k] - R_V[k] + 1 \tag{4.25}$$

在此必须强调，即使整数域量化误差$\varepsilon[k]$因为式（4.13）中基准时钟重定时被式（4.24）中参考相位的下一个取整运算（上限）所抵消，相位分辨率仍然不会优于DCO时钟周期的$\pm\frac{1}{2}$。这意味着CKV时钟漂移在全时钟周期中无法被检测到，结果被回路抵消。换句话说，可变相位的传递函数被量化了，而小于CKV时钟周期的轻微相位误差变化没有被修正。这也可以通过图4.2的时序图来说明。如果FREF边沿在第一和第二个CKV边沿之间漂移，这个动态不会被检测到，而且CKR总是在第二个CKV沿上阶跃。在整数域不使用ε校正计算的结果是在低频率上产生更大的相位噪声。

同步的数字相位环境的整数鉴相器现在可以由参考相位实现为DCO相位R_V的一个简单的数学减法。这个运算在CKR时钟的每一个上升沿上执行。

$$\widetilde{\phi}_E[k] = \widetilde{R}_R[k] - R_V[k] = \lceil R_R[k] \rceil - R_V[k] = R_{R,i}[k] - R_V[k] + 1 \tag{4.26}$$

4.4   参考相位和可变相位的模运算

为了实际减少算数组件的字长，可变相位和参考相位累加器$R_V[i]$和$R_R[k]$分别通过模运算实现。如表4.2所示，累加器的整数部分是W_I（在本书中等于8），参考相位的小数部分是W_F（在本书中等于15）。这些累加器分别代表可变相位θ_V和参考相位θ_R，它们是线性的，随着时间发展无上限地增长。另一方面，寄存器不能随意地存储大数据，所以必须限制为0到无穷之间的排列，这个排列会无穷地重复自身，因此任何这种排列都是0到2^w的基本排列的别称。

模运算便是这类取近似值的典型例子。任何W_I长度的累加器，进位被简单地忽略而且不会饱和，都是模2^w的累加器。实际上，模运算在数字逻辑中很常见。在严格意义上讲，可变以及参考模2^w累加器都不是绝对线性的。然而，它们在局部中是线性的（当然是对恒定频率而言）。式（4.7）和式（4.8）现在被重

1）此方法不能正确处理小数部分为零的情况，但这没有实际意义。

写为隐式模运算：

$$R_V[i+1] = \text{mod}(R_V[i] + 1, 2^{w_i}) \tag{4.27}$$

$$R_R[k+1] = \text{mod}(R_R)[k] + FCW, 2^{w_i} \tag{4.28}$$

图4.8显示了以$N=10$的分频比的模16（4位）运算和两个相位之间的完美直线。如果系统处于稳定状态，两个相位都会以同样的速度出现锯齿状的轨道。可变相位$R_V[i]$（上图）以很快的速度连接所有的整数；另一方面，参考相位$R_R[k]$（下图）移动不频繁（慢10倍）但是以更大的幅度变动（10倍以上）。结果，它们的穿越速度是相同的，而它们各自的位置会与相应的寄存器读数保持一致（0，10，4，14，8…），这是在CKR时钟上同时发生的，因此产生了零相位误差，正如在零相位和频率误差的系统里所预料的一样。也显示了在$R_R[k]$执行时，每10个CKV时钟周期是$R_V[k] = R_V[i]$的取样过程。

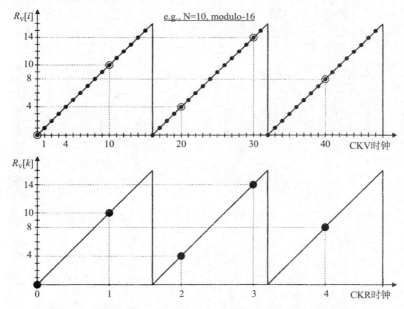

图4.8 零相位校准的参考相位与可变相位寄存器的模运算

图4.9展示了与图4.8相似但有3个小的相位偏移的情况。对于这种情况，$R_R[k]$（3，13，7，1，11，…）和$R_V[k]$（0，10，4，14，8，…）之间的读数序列之间的差应该都是3（第4个除外）。在这里，-13的误差超过了$[-8，7]$的线性范围，而执行模16运算会使它变成3，这时就与其他读数位于同一条直线。

R_V和R_R的模运算可以形象化为两个旋转向量，它们之间的小角度组成了相位误差（图4.10）。R_V和R_R是正数，它们之所以不翻转的最大可能值取决于计数器宽度或者FCW的整数部分，而且等于2^{W_1}。相位误差有着同样的范围，但在0附近是对称的（例如，它是一个二进制补码数）。这个数字也证明了鉴相器不仅仅是两个数字的算术减法器，同时也执行循环调整，所以在任何情况下两个向量之间的大角度都不会被确定。这是可能发生的，例如，当大向量出现在小向量之前，而小向量已经在"零"半径线的另一边的时候。因为PD输出是一个W_1位约束的有符号数，这个转换总是暗中地完成而输出位于$[-2^{W_1^{-1}}, -2^{W_1^{-1}} - 1]$之间。因此，不需要额外的硬件，在图4.6中也并没有显示。

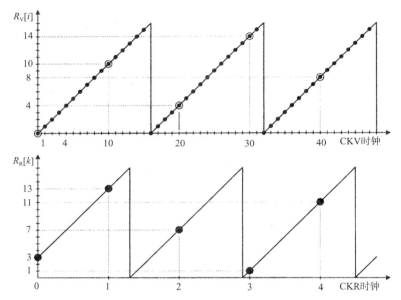

图4.9 相位偏移 ϕ_E 为3时的模运算（引自参考文献［65］，©2005 IEEE.）

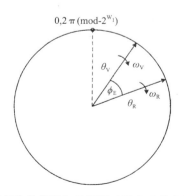

图4.10 参考相位和可变相位的旋转矢量解释（引自参考文献［65］，©2005 IEEE.）。

由于模运算的原因，可能出现FCW的较大值和较大可变频率由别的算式取代的情况。例如，$\mathrm{FCW} = 2^{W_1} + x$ 会写为 x。相似的，$f_v = f_R(2^{W_1} + x)$ 将写为 $f_v = f_R x$。"奈奎斯特频率"可以通过将整数宽度 W_1 变得足够大而增加。然而，在本书所提出的理论实现中，可变频率和参考频率都被严格控制，没有进入折叠区域的可能性。

4.4.1 可变相位累加器（PV模块）

如图4.4所示，可变相位累加器实现了式（4.7）定义的DCO时钟加法计数，还有上面所述的翻转效果。

现在的CMOS工艺已经快到足够在2.4GHz时钟的一个周期内使用简单行波进位架构运行8位二进制加法器。此运算包含七个半加器和一个反相器。然而，对于实际的商业应用，可能有必要增加一个额外的时间裕度来保证稳健运算并保持全过程和各种环境条件下的可接受的收益率，还有预期时钟分布准确性统计。这个额外裕度可以通过使用拓扑方式增加最大运算速度而获得。行波进位二进制加法器可以转变成两个单独的小加法器，如图4.11所示。第一个加法器在两个低位上运算并在计数达到"11"时触发高位加法器。第二个加法器在同一个CKV时钟上运算，但6位加法器运算允许耗费4个时钟周期。8位行波进位加法器的长关键路径因此被分成很多更小的部分，使必要的时间裕度成为可能。

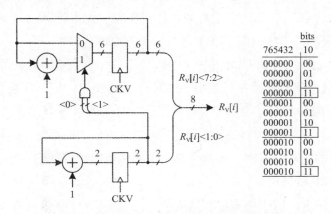

图4.11 高低阶位在可变相位加法器中的单独运算

可以看到上面的分区的关键路径正是来自更低位的寄存器的加法器触发路径，它穿过与门和六个1位的多路选择路线，并在更高位的寄存器上终止。6扇出对延迟造成不相称的影响，所以可以通过重定时控制路径做轻微修正。修正后的可变相位模块的版本如图4.12所示。触发状态现在要比原先早一个计数。这个解决方案的主要改进在于寄存器的输出Q_INC现在足以驱动六个多路选择路线。

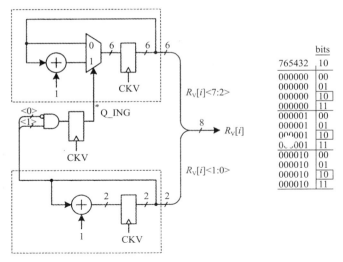

图4.12 具有高阶增量重定时的可变相位加法器的实现

4.5 时间数字转换器

由于PLL的DCO边沿计数的性质，4.3.2节所述的整数精确结构的相位量化分辨率不能高于DCO时钟周期的 ± 1/2，对于无线应用则需要更好的相位分辨率。这必须在不舍弃数字信号处理能力的条件下实现。图4.5显示了整数域量化误差 $\varepsilon[k]$ 通过小数周期误差估测器（PF）进行校正的原理。

参考时钟（FREF）和DCO时钟（CKV）下一个有效边沿之间的小数（副 T_v）延迟差分 ε 通过使用时间数字转换器（TDC）进行测量，该时间数字转换器具有反相器延迟 t_{inv} 的时间量化分辨率 Δt_{res}，而这个时间差以一个定点的数字来表示。此运算见图4.13。原始的TDC输出不能以它的整数形式在系统中使用，因为时间分辨率是变化的物理分辨率，因此它必须由振荡器时钟周期归一化。只有相对误差校正 ε 被鉴相器所采用。

鉴于已有技术，数字小数鉴相器已解决的最小的时间间隔是TDC反相器延迟 t_{inv}，大概是30ps（0.13μm CMOS工艺）。反相器的字符串形成了最简单的有可能实现的时间数字转换的支柱。在数字深亚微米CMOS工艺中，反相器可以看作基本的精确延时单元，它有着全数字水平更新性能。

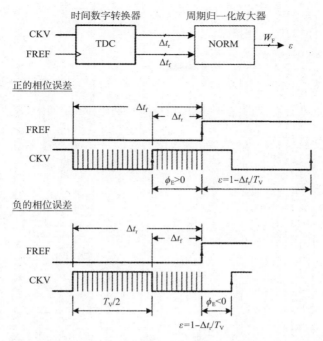

图4.13 小数（sub-T_V）相位误差估计（摘自参考文献 [67]，©2004 IEEE.）

必须指出，实现比TDC功能的反相器延迟更好的分辨率是有可能的。参考文献 [66] 给出了一个利用有缓冲区的两个非恒等字符串的游标延迟线例子。缓冲区较慢字符串由负反馈通过延迟线稳定下来。缓冲时间传播差决定分辨率。这个方法的缺点在于更高的能耗和额外的模拟电路。

数字小数相位由通过DCO时钟的一系列反相器决定（图4.14），因此每一个反相器输出都会产生轻微延迟于上一个反相器的时钟[67]。接着交错时钟相位会被同一个参考时钟采样。这一点要通过大量的 Q 输出构成伪温度计码的寄存器来实现。这样的排列中会有一系列的1和0。在这个例子中，4个1的排列（半周期：$T_V = 8$反相器）在3的位置开始并延伸至位置6。4个0的排列紧跟其后，在位置7处开始。检测到的从1到0的跃迁位置表明了在FREF采样沿和DCO时钟的上升沿之间量化的时间延迟 Δt_r，以 t_{inv} 为倍数。相似地，0到1检测到的跃迁位置指出了FREF采样沿和DCO时钟CKV下降沿之间量化的时间延迟 Δt_f（图4.14中 $\Delta t_r = 6t_{inv}$ 且 $\Delta t_f = 2t_{inv}$）。因为这项运算的时间因果性质（无法处理未来的沿），两个延时值都必须解读为正值。如果 Δt_r 小于 Δt_f 则很好，这与传统PLL的正相位误差（$\phi_E > 0$）相对应，它的基准滞后于最近的DCO沿，因此相位符号必须为负。然而，如果 Δt_r 大于 Δt_f 就没有这么简单了，这与传统PLL的负相位误差相对应（$\phi_E < 0$），基准沿

和下一个CKV上升沿之间的时间延迟的计算必须基于前一个CKV上升沿与基准沿和时钟半周期之间的延迟，$T_V/2=\Delta t_r-\Delta t_f$（图4.13）。大体上

$$T_V/2 = \begin{cases} \Delta t_r - \Delta t_f & \Delta t_r \geqslant \Delta t_f \\ 否则 & \Delta t_f - \Delta t_r \end{cases} \qquad (4.29)$$

图4.14中TDC所需要的电平L取决于涵盖DCO全周期所需要的反相器的数量：

$$L \geqslant \frac{\max(T_V)}{\min(t_{inv})} \qquad (4.30)$$

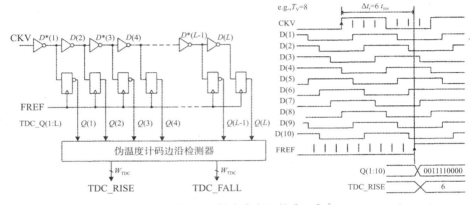

图4.14 时间数字转换器（摘自参考文献［67］，©2004 IEEE.）

如果过多使用反相器，电路会变得更复杂而且会造成不必要的能耗。例如图4.14中，反相器9和10超出了8个反相器的第一个全周期，由于伪温度计码基于优先检测方案，更早的比特会被首先考虑，因此反相器9和10不需要。然而，保持一些裕度来保证在高速的工艺角和最低的DCO工作频率上更好地运行系统是良好的工程实践，即便它低于工作频率。

在本次TDC的实现中，选用的是一个对称的基于放大器的触发电路（改编自参考文献［68］），这种触发电路具备差分输入，可以充分保证上升和下降输入数据延迟相同。这在4.7.1节有涉及讨论。

4.5.1　参考频率边沿估测

能耗是电池供电无线终端的一个非常关键的参数。

在这一点上，已演示的发射器与市场上已有的其他设备相比更具竞争力，增强电池寿命能够有效开发一系列的新应用。图4.15通过使用智能电源管理方案减少了电流消耗。它通过预测下一个FREF边沿的位置对TDC中的振荡器时钟进行

周期性控制。

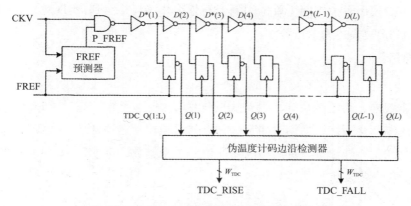

图4.15 具有FREF预测功能的时间数字转换器

运行一定时间后，就可以收集关于时钟相位及其统计数据的足够信息，用于降低功率、减少噪声耦合。图4.14中使用FREF时钟对全部TDC字寄存器进行计时，与之不同，图4.16中所示，只挑选少数几个寄存器进行计时，从而降低跃迁功率并减少噪声。选择的区域必须足够大以保证良好的"命中"率，选位必须基于预期发生的位置，如图4.3所示。必须指出："未命中"并非严重的事件，这意味着没有相位信息可以用于特别的比较事件。在这种情况下，下一个比较事件必须调动所有的温度计码TDC寄存器以保证不会有连续的未命中情况。

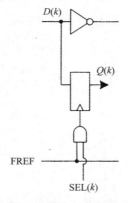

图4.16 具有寄存器就地控制功能的时间数字转换器

4.6 相对误差估计

在这个实现中传统相位ϕ_E是不需要用到的。相反，Δt_r被用在式（4.13）中的

$\varepsilon[k]$校正中，它是正数且$\varepsilon \in$（0，1）。为了将其与参考相位输出R_{Rf}的小数部分适当合并，必须用时钟周期（单位间隔）划分它并将其补偿到1实现对它的归一化。小数修正$\varepsilon[k]$被描述为定点数字：

$$\varepsilon [k] = 1 - \frac{\Delta t_r [k]}{T_v} \tag{4.31}$$

在实践中，为了减少计算量并线性化$1/T_v$的传递函数，通过求长期平均值取得时钟周期T_v会更好。平均时间常数可能与反相器延迟一样慢，大概是温度和供给电压的变化所导致。时钟周期的瞬时值是一个整数，但求它的平均值会增加重要的小数位，需要更长的运算：

$$\overline{T}_v = \frac{1}{N_{avg}} \sum_{k=1}^{N_{avg}} T_v [k] \tag{4.32}$$

对于每个周期k，$T_v[k]$都会通过式（4.29）计算。对于这里呈现的设计，发现累加128个FREF时钟周期会产生1ps以内精确度的反相器延迟。由于样本N_{avg}的数字除法现在可以用简单的右位移替代，计算的长度被选择为2的一个幂。

当FREF跳变的上升沿与CKV上升沿距离过近的时候，图4.2的重组时钟电路无法正确地捕捉它，于是ε误差校正的实际小数输出需要额外的一个位。作为安全预防措施，前一个上升CKV沿必须被使用，然后总是被接下来的CKV的上升沿重采样。PHF_I是整数LSB的权重。这种情况在图4.17中有举例，当FREF在CKV上升沿前与两个反相器延迟一样近时就会发生全周期跳步。

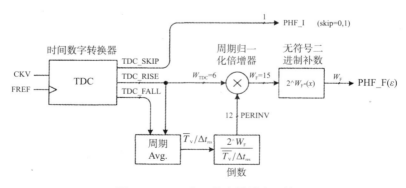

图4.17 TDC归一化和沿跳变运算

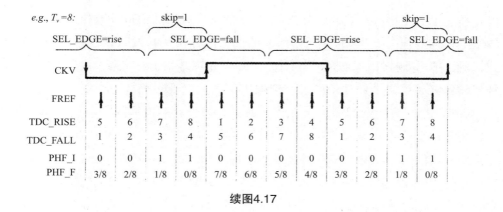

续图4.17

　　ADPLL合成器的配置被设计为在CKV比FREF更快的情况下工作。这是无线通信中的典型情况，FREF（由外部晶振创建）至多数十MHz，而CKV（RF载波）在GHz范围内。在实现的测试芯片中，f_R=13MHz，而f_v=2.40~2.48GHz，产生的分频比N约为180。N值较大更为强调精准的CKV沿计算（式（4.7）），而不太强调准确度较低的ε测定（TDC运算），这是因为设备延迟的连续时间性质。就算N比值更小，这个架构还是能够工作。主要要求是小数误差修正分辨率至少优于CKV周期一个数量级。

　　表4.5总结了主要的TDC信号并使用实现符号对它们进行对照。TDC_Q是图4.14中反馈优先解码器的伪温度计码定时状态向量。TDC_RISE和TDC_FALL是Δt_r和Δt_f时间延迟的小整数量化。它们是优先解码器的输出。TDC_Q总线宽被谨慎地选择为48，所以表达解码数据要求6位。

表4.5　TDC信号名称对照表

数学符号	实现符号	名　称	总线宽
—	TDC_Q	Sampled timing state vector	48
Δtr	TDC_RISE	CKV rising edge to FREF	$W_{TDC}=6$
Δtf	TDC_FALL	CKV falling edge to FREF	$W_{TDC}=6$
—	TDC_SKIP	TDC edge skip	1

4.6.1　分数分频比补偿

　　如果DCO时钟周期T_V是基准频率时钟周期T_R的整数分频，那么$\varepsilon[k]$样本大致不变。在更为一般的情况中，这个比是分数的，$\varepsilon[k]$样本在模（0，1）范围内线性增长（图4.3展示了一个例子）。这个样本模式可以很容易地以数字形式进行预测，而这个数字形式与熟知的分数–N PLL频率合成器的模拟分数相位补偿方式数学上密切对应[27]。然而，此处所述的架构以补偿1的方法自然地追踪周期模式，所以不需要额外的处理。实际上，与传统的基于PLL的频率合成器不同，这种架构一开始就是被设计于处理实值通用倍频，仅受限于参考相位累加器的字长。补偿1的分数相位追踪工作方式如下：分数旋转速度取决于定点FCW控制字的小数部分。假设FCW_F=1/4，如图4.3所示。在每一个FREF周期中累计它会得到周期性的定点参考相位寄存器的分数部分的斜升数列1/4，2/4，3/4，4/4，1/4，……相对误差修正 ε 总是被下一个CKV沿引用，而不是像之前那样从前一个CKV沿引用，所以它遵从相反的模式以数列3/4，2/4，1/4，0/4，3/4，……斜降。因此，ε以补偿1的方法追踪分数循环。这也已被式（4.15）数学地描述。

4.6.2   估测频率分辨率的TDC分辨率效应

在传统的PLL中，鉴相器在理论上是一种线性设备，它的输出与参考时钟和反馈振荡器时钟之间的时间性差异成比例。在已介绍的全数字实现中，ε相对相位误差修正也是线性的，但以Δt_{res}为时间单位进行量化，这里$\Delta t_{res} \approx \Delta t_{inv}$。

图4.18显示了式（4.31）中ε传递函数的量化效果。TDC量化阶梯Δt_{res}决定归一化相对小数误差校正的量化阶梯，以归一化单位来表达则是$\Delta \varepsilon_{res} = \Delta t_{res}/T_V$。传递函数有$\Delta t_{res}/2$的负偏压，但这并不重要，因为环路会自动对它进行补偿。

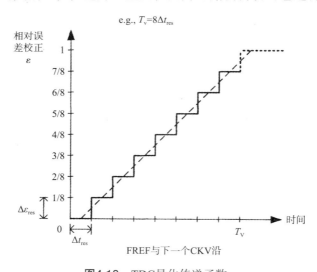

图4.18   TDC量化传递函数

如图3.24所示，上述架构中使用相位检测机制，是为了将已累计的定时偏差TDEV这样一个纯时域量转化为数字位格式。与此同时，正如图4.18中的TDC传递函数所证实，鉴相器执行输出标准化功能，以保证TDEV=T_V的统一性。

在这些条件下，鉴相器输出ϕ_E可以看作输出CKV时钟的频偏估计并归一化为参考频率f_R。在一个参考时钟周期内，$T_R = 1/f_R$，

$$\widehat{\Delta f_V} = -\widehat{\phi_E} f_R \qquad (4.33)$$

上述估计与参考周期数呈线性增加关系。

鉴相器的分辨率由TDC分辨率直接决定，$\Delta\phi_{E,\varepsilon_{res}} = \Delta\varepsilon_{res}$。采用鉴相器的频率估计视图，根据一个参考周期，$f_V$ 频率域中的量化阶梯为

$$\Delta f_{V,res} = \Delta\varepsilon_{res} f_R = \left(\frac{\Delta t_{res}}{T_V}\right) f_R = \left(\frac{\Delta t_{res}}{T_V}\right) \frac{1}{T_R} \qquad (4.34)$$

例如，假设$\Delta t_{res}=40\text{ps}$，$f_V=2.4\text{GHz}$，而$f_R=13\text{MHz}$，得出的单个FREF周期的频率估计量化水准是$f_{V,res}=1248\text{kHz}$。对于$\Delta t_{res}=30\text{ps}$，$f_V=1.8\text{GHz}$，而$f_R=26\text{MHz}$，得到的$f_{V,res}=1404\text{kHz}$。

这明显是大部分无线应用无法接受的大小，所以，可以利用频率是相位与时间相关的导数，而频率分辨率可以通过使用更长的观测间隔增强（例如多个FREF周期）的事实。在这种情况下，可以通过将T_R乘以FREF周期数修改式（4.34）。

4.6.3　通过TDC主动消除分数杂散（选项）

分数杂散定义为同时位于载波的两边为FCW_F×f_R的杂散。GSM发射器中尤其有问题的是400kHz分数杂散，它在振荡器以与最近的FREF相差400kHz的功率（以上或以下）运行的时候出现。因此，分数杂散受频道影响，对于特定的杂散来说，每个FREF跨度为一个频道。分数杂散的产生机制有两个，互相独立但并不是完全正交。

第一个是分数补偿法不够完美，在文献中以模拟相位插值的分数分频 PLL 的模拟集成实现而熟知。在ADPLL架构中，导致这些不完美的原因在于：

（1）TDC周期反演计算引擎的估测误差。

（2）TDC量化。

（3）TDC非线性特征。

第二个机制是通过FREF谐波耦合到振荡器中。这种机制不受架构影响，且通常是通过适当的布局、匹配和分离技术进行解决。

在此提出将TDC周期归一化机制用于补偿FREF耦合造成的杂散。杂散会通

过对定点相位误差样本实行数字信号处理进行鉴定与检测。建议进行反复的检测和补偿处理。根据耦合信号的相位，TDC周期归一化在两个方向的任一方可以抵消。

　　TDC归一化原方块图如图4.17所示。原始TDC输出不能以小正整数形式被ADPLL使用，所以必须在（0，1）的范围内进行归一化。在正常运行中，电路按设计工作。有时候最大整数会超过量化的DCO周期定点平均值。在这种情况下，ε输出会被强制为0。必须指出，如果PERINV被有意高估而输出不得不达到饱和，以上的处理可能会出现问题。图4.19揭示了一个轻微的修正，允许ε形式上逆向超过该范围。图4.20显示的是，饱和或未饱和时过高估计PERINV情况的归一化TDC输出。当DCO周期被精确地设置的时候，它与图4.18所示情况相反。

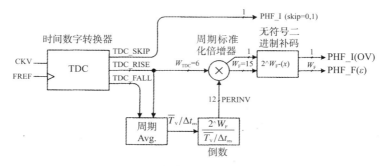

图4.19 重新定义ε进行TDC归一化

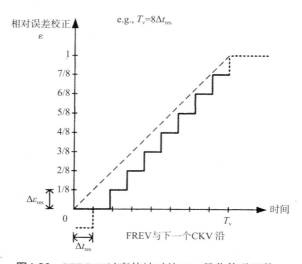

图4.20 PERINV过高估计时的TDC量化传递函数

4.7　使用DCO时钟进行参考频率重定时

　　参考频率时钟重定时在图4.2中被概念性地提出。数学上来讲，触发器寄存器通过整数值CKV时间戳重定时执行实值FREF时间戳的上限运算。产生的CKR时钟时间戳是整数值，而且与DCO时钟同步。遗憾的是，这个简洁的数学模型受到现实世界亚稳态的限制。

　　亚稳态是一种会限制比较仪和数字采样元件性能的物理现象，如锁存器与触发器。它耗费非零数量的时间从采样事件的起点决定输入水平和状态[69, 70]。如果输入状态接近采样事件，那么分辨时间将指数性地增多。在极限情况下，如果输出的改变刚好与采样事件同时，理论上它可能要花费无限的时间去分辨。在这期间，输出可能处于0到1之间的某处不合规则的数字状态。图4.21展示了高性能触发器的时钟–输出（CLK–to–Q）延迟与输入–时钟（D–to–CLK）偏移的对比，引自用于130nmCMOS工艺的GS40[45]数字标准单元库。

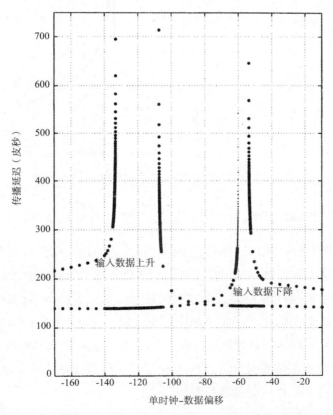

图4.21　数据时钟定时偏移关系的函数的CLK–to–Q延迟：引自ASIC库的高性能标准单元触发器

它揭示了下降和上升跃迁不是对称的，而且未确定区域在位置上有所不同，沿之间相隔65ps。如果需要的分辨率低于65ps，这无疑是不可接受的。图4.22展示了基于参考文献［68］并特别为2.4GHz数字运算开发的策略触发器图形。它享有极小的亚稳态窗口与升降跃迁的对称响应。这在4.7.1节中有进一步描述。

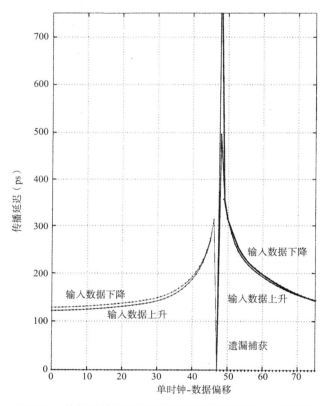

图4.22 数据时钟定时偏移关系的函数的CLK-to-Q延迟

重定时参考时钟CKR的亚稳状态条件是不合适的，主要有以下两个原因，第一个原因在本质上普遍存在，即任何时钟的亚稳态都会导致所驱动的数字逻辑电路产生故障和双时钟问题；第二个原因则较为特殊，即CKV和CKR之间的非约束关系恰好违反了它们之间同步平面的原则。很可能就在FREF和CKV某个亚稳态窗之间，触发器CLK到Q的延迟会具有使CKR跨越多个DCO时钟周期的潜力。这种不确定性对于正确系统操作是不可接受的。已提出的方法能随机地解决图4.2中所示的参考频率重定时的亚稳态问题。

4.7.1 基于读出放大器的触发器

图4.23是基于读出放大器的策略触发器图解。这种拓扑结构和其他触发器架构相比有着相近的电流消耗，但速度却是最快的。研究人员在早期CMOS技术节点中，对超高速读取信道使用了这种拓扑结构作为有限冲击响应（FIR）滤波器[71, 72]的序列元件与最小均方差（LMS）的自适应算法电路[73]。

策略触发器包括两个模块：一个脉冲发生器读出放大器（SA）（在图中顶部）和一个对称从属的SR锁存器（图中底部）。它与传统的主从锁存器组合不同，脉冲发生器不是电平敏感的，但由于时钟和数据值的变化，会在Sb或Rb输出产生足够持续时间的脉冲。SR锁存器捕获跃迁并保持这种状态直到时钟的下一个上升沿。在时钟返回到它的非活跃状态之后，SA级的Sb和Rb输出都会呈现逻辑高的值。

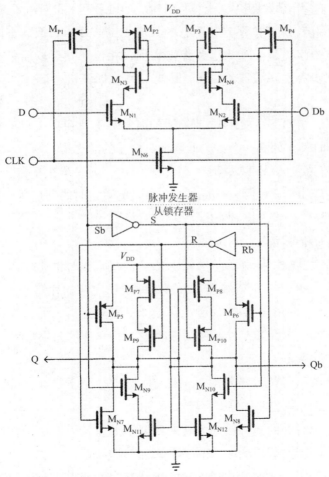

图4.23 策略触发器电路图（改编自参考文献 [68]）

4.7.2 时钟重定时的总体思路

振荡器时钟的参考频率重定时是所有数字合成器架构的关键点，这允许它以时钟同步的方式工作。当信号互不同步时，此方法可用于解决以高频时钟对低频定时信号（或时钟）进行重定时的问题。通常，此问题可通过一系列由高频时钟计时的触发器（寄存器）传递低频信号解决。每一个寄存器级有一定亚稳态条件的概率，而系统输出的亚稳态的总的概率随着寄存器级指数递减。寄存器级的数量被确定，因此平均故障间隔时间（MTBF）可接受的范围大。不巧的是，亚稳态条件使一个高速时钟周期（或者可能更高）计时不准，因为在亚稳态期间，输出可能在给出的时钟周期或者下一个时钟周期内解决。即使输出电平已被定义，在某些应用中定时误差仍是不可接受的。

在这种架构中，定时信号是参考频率FREF，而过采样时钟是数控振荡器输出。很明显，这些信号彼此完全不同步。在ADPLL中，我们需要提出参考相位、可变（DCO）相位、相位误差和所有的其他相位信号作为彼此不同步而且不会被干扰的定点数字信号。如果这些都被实现，相位误差可以简单地作为一个用作鉴相器的同步算术减法器的输出。因此，重定时基准（CKR）被用作同步系统时钟。

解决方案总结如下：使用4.6节描述的时间数字转换器（TDC）来判断高频时钟（过采样时钟）的哪一个沿离低频定时信号的沿更远。同时，过采样时钟用两个寄存器执行定时信号的采样：一个在上升沿，另一个在下降沿。然后取决于分数鉴相器决策的"更优质（better quality）"的重定时的寄存器（例如与亚稳区足够远）被选择以提供重定时输出。

异步重定时机制可以总结为如下：

（1）使用源自可控振荡器（例如DCO）的过采样时钟（CKV）的两个沿对参考频率时钟（FREF）进行采样。采样由一对已定时的存储元件（例如触发器或寄存器）执行，一个在CKV时钟的正或上升沿上运行，另一个在CKV时钟的负或下降沿上运行。用CKV时钟对FREF时钟进行采样的效果是将FREF重定时到CKV的上升或下降沿。

（2）通过可控量延迟重定时的FREF时钟。这种延迟操作可以通过插入有CKV或其派生的时钟主频移位寄存器级来完成。

（3）用CKV时钟的上升沿来重定时下降沿的重定时时钟。如果选择这条路径，CKR时钟将总是与CKV的上升沿同步，并且与ε的定义保持一致。

（4）将上升沿和下降沿的重定时路径的输出反馈到选定元件，如多路复用器。多路复用器的输出可由CKV时钟或从它衍生的时钟进一步进行重采样。

（5）使用中沿检测器（midedge detector）选择两条重定时路径中的一条，此路径足够远离亚稳态区。

- 该中沿检测器可以是由FREF计时的TDC，该TDC可以判断CKV的哪个边沿离FREF沿更远（或者足够远，如几个反相器的延迟）。如果用作相域全数字锁相环（ADPLL）的一部分，可以选择去修复TDC的输出。

- 该中沿检测器可以是由FREF时钟对延迟CKV时钟进行采样的寄存器，从而使得选定的重定时时钟充分远离亚稳态条件。

4.7.3 实现

图4.24显示的是允许ADPLL同步基准与可变时钟面关键构想的实现。唯一目的是根据图4.2的要求，以避免亚稳态的方式，使用可变DCO时钟对基准时钟进行随机重采样。通过使用CKV的两个沿对FREF进行重采样，并选择一个具有较大（或足够大）的数据–时钟距离。这种选择决定是基于现有的TDC输出（为了清楚，图4.14关于TDC的那部分在这里复制），因此，会产生小部分额外成本。使用CKV下降沿对FREF进行重采样时，需要额外的上升沿CKV重定时，以此保证与ε的定义相一致，并使得CKR和CKV的上升沿保持固定的定时关系。该图还展示了两个潜在亚稳态的例子，以及在不同情况下，如何做出正确的选择。

接下来对图4.24的描述是基于4.7.2节的异步重定时机制步骤。在FREF时钟的上升沿，CKV延迟状态被采样。随后的DCO周期的小部分，使用一对触发器，通过CKV时钟的上升沿和下降沿对FREF时钟进行采样，并产生QN和QP输出，其中之一有可能成为亚稳态。通过几个重计时级，延迟QN和QP信号，并且用上升沿来对QN路径的末端进一步重采样中沿选择器的输出，SEL_EDGE，选择两个路径中离亚稳态条件最远的一个。所选择的多路转换器输出被进一步重采样。

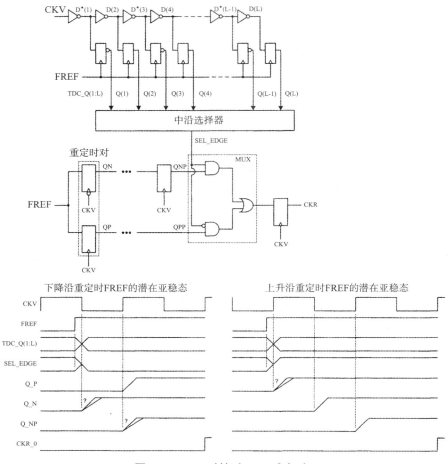

图4.24 DCO时钟对FREF重定时

在本次实现中，加入了5对额外的上升沿和下降沿时钟整形级，以保证SEL_EDGE有额外的时间（为CKV时钟周期的倍数）选择信号，并解决其亚稳态。根据亚稳态的标准，来计算时钟整形级的数量，以便确保在两个时钟整形信号到达多路转换器输入的时候，所选定的信号有效且不受亚稳态的影响。应当强调的是，未能及时解决选择信号并不意味着最终的CKR时钟将是亚稳的。由于这两个时钟整形信号通过多个触发器级，所以它们在MUX输入（MTBF随着级的数量增加指数增大）的时候基本不受亚稳态的影响。如果选择信号达到有效的数字电平但不及时，有50%的概率可能做错了决定，PLL环路注入了一次对ε的±1.0摄动，该系统就可以恢复。在选择信号路径上，满足上述触发器稳定输出的条件相当容易并且有足够高的增益。这确保了输出不会振动，并且会保持在合适的电平内直到内部双稳态得到解决，尽管后者到最后一刻停留在不合适区域内。

　　如果时钟整形信号与选择控制在相同时间到达MUX输入，那么真正的亚稳态可归并到CKR输出。当然，发生这一事件的可能性要比上述事件小得多，但是如果亚稳态的时钟进入到数字基带控制器并且导致错误计时，引起的后果是相当的严重。因此，必须对全系统进行重置恢复。因此，低频CKV产生的时钟对CKR时钟进一步进行重定时，最终使MTBF变得非常大。应当指出的是，由于无线系统中，ADPLL状态机器是在每个数据包中进行同步复位（最多持续3ms），所以小错误或不合法状态所产生的不良效果持续的时间都是有限的。

　　图4.25所示的是，当$T_V=16t_{inv}$时的"原始"TDC输出（TDC_Q）以及扩展的归一化相对误差校正ε（PHF_I and PHF_F），后者用于CKV和FREF间所有可能的离散时间。在底部的时序图类似于图4.17中的时序图。因为现在每个CKV时钟周期有16个反相器而不是8个反相器，所以这些独特的BIN数量也从8个上升到16

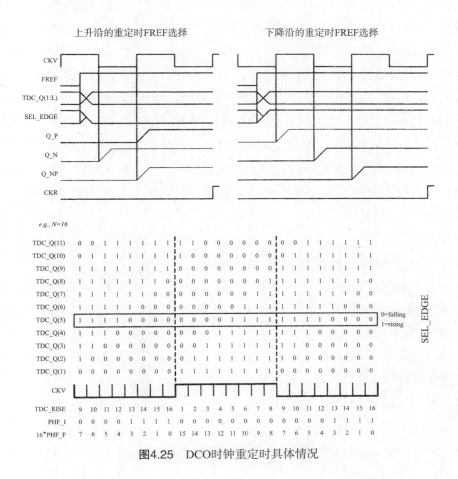

图4.25　DCO时钟重定时具体情况

个，相对于CKV，FREF的上升沿可以下降。

可以利用伪温度计编码TDC输出向量的高度冗余来获得额外的误差纠正以及亚稳态的分辨率。至少有三个相邻输出采用了多数表决算法，但是在本次应用中，选择控制（SEL_EDGE）的简单提取被选为最佳解决方案。这个时序图还展示了单个特定的TDC寄存器输出［本例中为TDC_Q（5）］如何被用于沿选择。检查各种TDC_Q输出，可知第5位最高程度地环绕CKV上升沿：它前后都有四个零。在这种情况下，该位的零值必须用来选定其他沿（例如，下降沿）。检查CKV下降沿附近的第5位，可以发现它位于一组8个数字中间。在这种情况下，1值必须分配到第5位；用以选择另一边沿（例如：上升沿）。从上述分析可以得知，选择合适的CKV沿来对无亚稳态的FREF信号采样，可以通过简单地检查采样状态向量的单个TDC_Q（5）位来完成。在这里就会产生一个问题，如果TDC_Q（5）信号本身是相对稳定的并且不能及时解决，将会有什么事情发生呢？检查那个位在0→1和1→0区间的跃迁，可以发现它与任何CKV时钟线的活动无关。大约在CKV时钟四分之一周期时，会产生最近的CKV跃迁，这段时间足以让它摆脱亚稳态的影响。在该区域中，两种表决可以任选其中之一，因而SEL_EDGE选择值并不是至关重要的。如图4.17、图4.24和图4.25所示，如果FREF的上升沿接近CKV的上升沿，就可以跳过整个CKV时钟周期。如果FREF沿恰好在CKV上升沿之前的四个BIN中任意一个内，那么TDC_Q（5）将始终选择先对下降沿进行取样，随后再对上升沿进行重取样。现在，FREF上升沿与CKV最后一个上升沿的距离超过了一整个时钟周期，就说明$\varepsilon>1$。因此，额外的信息位会发送到鉴相器。这可认为是重新定义相对误差校正的范围为$\varepsilon\in$（0，2）。

4.7.4　可变相位的时间延迟计算（选项）

图4.24显示了FREF重定时的实现。这种方法的主要缺点是，需要延迟两个重采样候选，直到选择沿SEL_EDGE信号出现亚稳态的概率足够低。这就要求几个以RF速率工作的延迟级。

图4.26展示了一种改良的方法，这种方法会在之后的版本中实现。该电路结合了FREF重定时电路、可变相位累加器，以及可变相位采样器。它也产生一个分频CKV时钟，CKVD8，作为$R_{\mathrm{V}}[i]$信号的第三低位。在这里，可以利用一个优点，即重定时参考时钟CKR只对可变相位PHV的精确采样是绝对必然的。因此，低阶PHV位和FREF重定时的算术增量紧密地结合到同一个模块。图4.11介绍了

分离低阶和高阶PHV位计算的概念。

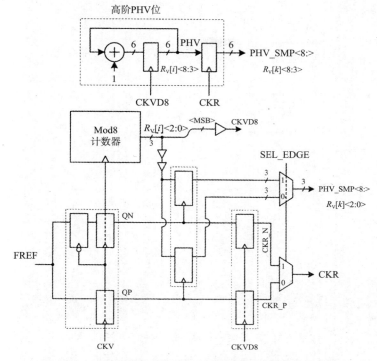

图4.26 可变相位高阶位（上）和时间延迟低阶位（底部）

使用该方法，可以利用CKV时钟的上升沿和下降沿对参考FREF进行同步采样。两种形式的参考重定时均可用来对可变相位的低阶位进行采样。选择信号SEL_EDGE，现在用来挑选两个PHV采样候选中离亚稳态最远的一个。然而，有必要延迟两个重定时的FREF候选，但现在可以用分频CKV时钟完成，从而节省功耗和面积。图4.27展示了低阶位的操作具体情况。

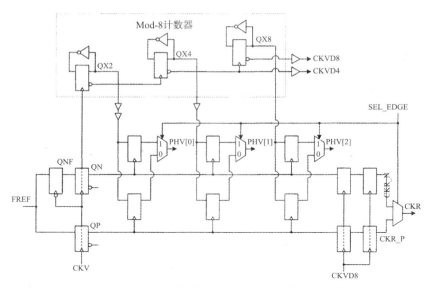

图4.27   可变相位的低阶位（上）的延迟时间计算的实现

4.8   环路增益因子

图4.28组合了迄今为止提及的各种相域模块。第3章介绍了该DCO增益的$f_R/\hat{K}_{DCO}$归一化。可变相位累加器$R_V[i]$计算DCO时钟的上升沿的数目。可变相位值$R_V[i]$是由FREF采样，并由TDC系统通过线性插值进行调整（见3.8节）。基准相位累加器$R_R[k]$通过累计重定时参考频率的上升沿的FCW来处理式（4.8）。该鉴相器直接执行式（4.16）。这是具有两个时钟的多速率架构，两个时钟分别为FREF和CKV，两者相应的指数分别为k和i。其缺点是环路是封闭的，以至于相位误差$\phi_E[k]$将用于对振荡器的频率和相位漂移进行校正。

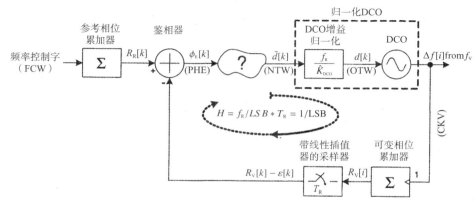

图4.28   相域全数字锁相环（ADPLL）结构，不包含比例环路增益系数α

如前所述，相位误差$\phi_E[k]$用参考频率f_R进行表示。同样，归一化DCO（nDCO）控制也归一为f_R。正如图4.28所示，从nDCO输入到鉴相器输出的频率的传递函数是统一的，这意味着在FREF周期T_R里，频率扰动Δf_V将在量化分辨率$\Delta f_{V,res}$内正确地估计。遗憾的是，正如4.6.2节所述，频率估计器的量化有点过度。出于稳定性原因，鉴相器的输出不能直接连接到NDCO输入，且必须衰减。

图4.29引入了比例因子α，这个比例因子α用来影响相位误差在影响nDCO频率之前衰减了多少。在频域中，它根据nDCO输入频率的变化，控制了检测的频率的小数。在时域中，它依据在前时钟周期内，nDCO输入的一定的变化，控制参考时钟周期内的定时衰减。

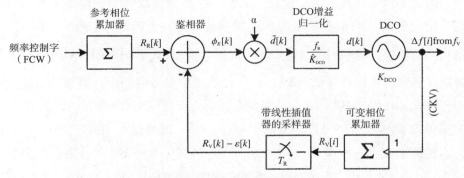

图4.29 从信号处理角度看ADPLL

对于过阻尼系统，$\alpha<1$；对于临界阻尼系统，$\alpha=1$；而对于欠阻尼系统，$\alpha>1$。这也确立了环路稳定性。

$$\Delta f_{V,res} = \alpha \Delta \varepsilon_{res} f_R = \alpha \frac{\Delta t_{res}}{T_V} f_R = \alpha \frac{\Delta t_{res}}{T_V} \frac{1}{T_R} \qquad (4.35)$$

表4.6（根据式（4.35））把DCO频率量化和TDC分辨率联系在一起。可以看到量化环路频率分辨率和环路动态之间的平衡。DCO的频率量化可以以较慢的环路或较低的带宽来实现得更好。

表4.6 DCO频率量化为$f_R=13\text{MHz}$

TDC分辨率 Δt_{res}(ps)	中心频率 f_V(MHz)	环路增益 α	频率量化 f_V(kHz)
30	2450	1	955.5
30	2450	1/8	119.4
30	2450	1/32	29.86
30	2450	1/256	3.732
30	2450	1/1024	0.933

4.8.1 相位误差的动态范围

这个体系结构中的稳态相位误差信号还表明与DCO中心频率的频率偏移。为了证明这点，应注意调谐字直接设置DCO工作频率，且归一化调谐字与相位误差之间存在一个比例系数α，如图4.29所示。

因此，稳态频率偏移可以表示为

$$\Delta f_{\rm V} = -\phi_{\rm E}\alpha f_{\rm R} \tag{4.36}$$

式（4.36）与式（4.33）形成对比，式（4.33）是唯一的单基准周期估计，同时它也是检测过程的一部分。式（4.36）也可以从另外一个角度来解释。假定一个固定的PLL具有零相位误差，表明与中心频率没有相位误差。如果突然出现一个与振荡器的中心频率的步进频率Δf，在一个FREF周期内，鉴相器会根据式（4.33），判断得出$\widehat{\Delta f_{\rm v}} = -\Delta f$。这可以通过$-\Delta f\alpha$来校正DCO频率，因此振荡器频率偏差将可以降低到$\Delta f(1-\alpha)$。在第二个参考周期中，鉴相器的输出是$-\Delta f - \Delta f(1-\alpha) = -\Delta f(2-\alpha)$，对振荡器进行了$-\Delta f(2-\alpha)\alpha$校正。该振荡器的频率偏差将减少至$\Delta f - \Delta f(2-\alpha)\alpha = \Delta f(1-\alpha)^2$。同样地，在第三个参考周期中，鉴相器输出为$-\Delta f(2-\alpha) - \Delta f(1-\alpha)^2 = -\Delta f(3-3\alpha+\alpha^2)$，对振荡器进行了$-\Delta f(3-3\alpha+\alpha^2)\alpha$校正。振荡器的频率偏差将减少到$\Delta f(3-3\alpha+\alpha^2)\alpha = \Delta f(1-\alpha)^3$。这个趋势很明显：在第$k$个参考周期，当$k\to\infty$时，振荡器频率偏差将是$\Delta f(1-\alpha)^k$，并且会减到零。同样地，当$k\to\infty$时，相位误差的输出将是$-\Delta f\sum_{i=0}^{k}(1-\alpha)^i$并且会接近$-\Delta f / \alpha$。因此，随着这个几何序列过程不断继续，DCO频率就会得到完全校正，且鉴相器产生$-\Delta f / \alpha$偏移，并归一化为$f_{\rm R}$。

环路增益因子α还控制相位误差的动态范围。本章第4.4节中提到，可变相位$R_{\rm V}$和参考相位$R_{\rm R}$的字长被限定为$W_{\rm I}$比特的整数部分。相位误差$\phi_{\rm E}$也延续了此限定。因此，$\phi_{\rm E}$信号的相位范围是$(-2^{W_{\rm I}-1}, 2^{W_{\rm I}-1})$乘以$2\pi$ rad CKV时钟周期，并把DCO的动态范限制在

$$\Delta f_{\rm V,range} = 2^{W_{\rm I}}\alpha f_{\rm R} \tag{4.37}$$

4.9 相域ADPLL结构

到这里，相域全数字PLL（ADPLL）频率合成器的所有主要组成部分都介绍过了。图4.30展示了结构框图。参考频率（FREF）晶体振荡器保证系统频率

的基本稳定，例如，一个用于主机GSM系统的13MHz的温度补偿晶体振荡器
（TCXO）。频率控制字（FCW）被定义为目标分频比f_V/f_R，并以定点格式表示，
使得其整数部分的LSB与f_R参考频率相对应。将它输入到参考相位累加器，以此
建立选定信道的工作频率。ADPLL的中心元件是一个数控振荡器（DCO），在蓝
牙中以2.4GHz工作，并且它周围的PLL是全数字化的。

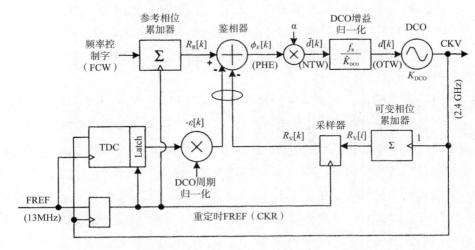

图4.30 相域同步全数字PLL合成器（摘自参考文献［65］，© 2005 IEEE.）

ADPLL属于I型（由于DCO频相转换，只有一个积分极）。通常，I型环路具
有动态特征，用于快速捕获频率/相位，或用于直接发射调制。环路动态特性通
过避免使用环路滤波器而进一步得到改善。基准馈通会影响传统的电荷泵锁相环
环路，也是RF输出中的寄生噪声，但这些情况在这里并不相干，原因正如之前
所讨论的那样，使用的是线性的非相关的鉴相器。此外，II型PLL在面对恒定
的频率偏移（如实际频率和DCO中心频率之间的频率偏移）时不会产生稳态相
位误差，与II型PLL不同，I型PLL环路中的相位误差与频率偏移成正比。然而，
由于实现的数字性质，这不能限制鉴相器的动态范围或DCO工作频率的最大
范围。

ADPLL是一个数字同步定点相域架构。可变相位信号$R_V[i]$通过计算DCO
振荡器时钟的上升沿的次数来确定。可通过累加频率控制字（FCW）与重定时
FREF时钟的每个上升沿来获得参考相位信号$R_R[k]$。采样的可变相位$R_V[k]$和小数
校正$\varepsilon[k]$都是从同步算术鉴相器的参考相位$R_R[k]$里减去。利用TDC系统，$\varepsilon[k]$校正
将系统的瞬时相位分辨率增加到只比可变相位低2π rad。

数字相位误差样本$\phi_E[k]$由比例环路增益衰减器进行α调节，然后由DCO增

益K_{DCO}进行归一化。环路增益α是可编程PLL参数，这个参数用来控制环路带宽。正如将在第5章所描述的，环路带宽的精确建立，发射频率调制的直接执行，都离不开K_{DCO}的归一化。由RF振荡器时钟对FREF输入再取样，并将得到的重定时时钟（CKR）用于整个系统中。这确保了在相位误差检测的静默间隔后，由TDC对大量的数字逻辑进行记录。

用定点数字保持相位信息的主要优点是，在转换后，它不会被噪声进一步损坏。因此，可以简单地把鉴相器看作是为执行确切的数字运算的算术减法器。所以，应该尽量减少转换的位置数：时钟沿延迟连续值在时间数字转换器内进行比较的单个点。

这里应强调的是，在相域进行操作是非常有利的，原因如下：首先，所使用的鉴相器不是一个常规的相关倍增器（图1.19），它不会产生参考杂散。这里，使用了算术减法器，它不会使环路中产生杂散。其次，相位误差的动态范围可以简单地通过增加相位累加器的字长而任意扩大。这与常规的实施相比，具有优势。常规实施通常仅限于具有三态相位/频率检测器$\pm\pi$比较率[22]。再次，相域运算比传统的方法更易于实现数字化。最后，与在频域运算相比，相域允许具有更高的精确度算法，因为频率是相位时间导数，并且一定量的相位量化（如在TDC中）会随着时间的推移而减小其频率误差。

4.9.1 注入牵引产生短暂杂散

现在所述的ADPLL电路和上述所讨论的东西是没有关系的，此ADPLL电路被合并到图4.13中频率合成器模块的数字部分。在DCO时钟将参考时钟重定时后，参考时钟去除FREF的关键定时信息（这些信息已被TDC提取）并产生一个重定时时钟CKR，这个重定时时钟CKR随后用于整个系统当中。这确保在相位误差检测后的静默间隔，TDC对大量的数字逻辑进行记录。现在该CKR沿时间戳与RF振荡器同步，其中CKR与CKV最接近的沿间的时间间隔是时间不变量。在这个例子中，CKR与CKV之间的时间分隔缓慢变化，使得振荡器被牵引，从而产生跳频事件，在产生输出时呈现为杂散，这有利于避免注入牵引现象[84]。

图4.32（a）揭示了注入牵引的原理。在这里应当指出的是，这两个频率不必彼此接近。注入牵引现象可由谐波引起，这个谐波是位于振荡器频率附近的低频FREF时钟产生的。在此例中，干扰时钟的频率比振荡器的频率低$2\frac{1}{4}$倍。它的每个沿都牵引每个振荡器的第二或第三沿。

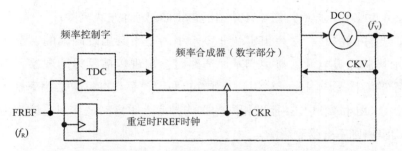

图4.31 ADPLL突出FREF时钟采样以此避免注入牵引现象
（摘自参考文献［83］，©2005 IEEE.）

在非重定时时钟FREF方案中，注入牵引原理取决于分频比N的分数部分N_f：

$$N = N_i + N_f = \frac{f_V}{f_R} \tag{4.38}$$

其中，N_i和N_f分别是N的整数和分数部分，f_V和f_R分别是振荡器和干扰FREF时钟的频率。如果$N_f=0$，说明没有注入牵引。如果N_f接近零，这将产生一个正的跳动频率$f_{beat}=N_f f_R$。如果N_f接近1，则将产生一个负的跳动频率$f_{beat}=-(1-N_f)f_R$。在这里，正和负这两个术语表示的是时钟沿牵引力变化的方向。f_{beat}的较高值通常不会不安全，因为它们很可能速度太快从而不能连贯地牵引振荡器。

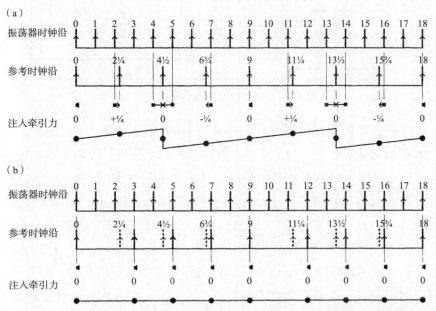

图 4.32 （a）由频率参考时钟引起的RF振荡器注入牵引；（b）通过参考重采样消除注入牵引。本例中$N = 2 + 1/4$（摘自参考文献［83］，©2005 IEEE.）

如图4.32（b）所示，图4.31介绍的FREF重定时方法消除注入牵引的影响。在这里应当注意的是，一个恒定的非零牵引力是不会出现问题的。事实上，由于各种干扰源通过电源、接地和基底通路时会出现传播延迟的现象，延迟将会产生非零平衡状态。因此，认识到f_V和f_R的平均频率具有整数倍比率是很重要的（$N_f=0$）。CKR时钟和FREF拥有相同的平均频率。重定时操作只是改变沿，其预期的平均距离则不会受到影响。

4.10　PLL频率响应

图4.33总体上显示了ADPLL频率合成器的s域模型。它是离散时间z域模型的连续时间的近似值[74]，并且只要响应的波动频率比采样频率低得多即为有效。在这种情况下，采样频率趋于f_R（普遍观点认为只要PLL带宽FBW比采样速率[21]小至少10倍，这种线性近似将持续有效）。如图4.29所示，该输出是相位ϕ_V，而不是频率偏差$\Delta f_V=\Delta\omega_V/2\pi$，这与积分运算$\phi_V=\Delta\omega_V/s$相关。

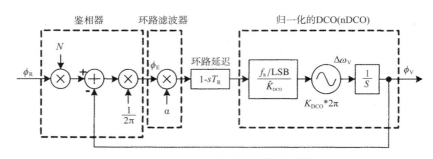

图4.33　I型ADPLL的线性化等效s域模型

在这里，把环路滤波器看作归一化增益α阶段，从而产生了I型一阶PLL环路。由于DCO频相转换，PLL环路有且仅有一个积分极。仅限于本节中的使用，常量ϕ_R和ϕ_V习惯地以弧度的形式分别定义为参考相位和可变相位。ω_V是以每秒的弧度数表示的角频率，等于$2\pi f_V$。角频率的引入使得通过乘以2π来修改DCO传递函数有必要。严格地说，这是通过乘以2π来修改归一化增益部分f_R，增加2π将产生ω_R（弧度/秒）。常量N是DCO时钟和FREF的分频比，相当于FCW。形式上，K_{DCO}表示为每LSB rad/s单位，但它常被它的估计值所除，因此删去单位中的弧度，变成一个无量纲单位$K_{DCO}/\hat{K}_{DCO}$。$e^{-sT_R}\approx1-sT_R$延迟算子即是控制环路延迟，可以减少2π的相位裕度（周期延迟f_{BW}/f_R）。在这种情况下，仅存有一个周期控制环路延迟，且$f_{BW}\ll f_R$，因此，相位裕度降低不是一个问题，并且该算子可以忽视。

开环传递函数$H_{ol}(s)$如下所示

$$H_{ol}(s) = \frac{1}{2\pi}\alpha\frac{2\pi f_R}{\widehat{K}_{DCO}}\frac{K_{DCO}}{s} = \alpha\frac{f_R}{s}\frac{K_{DCO}}{\widehat{K}_{DCO}} \tag{4.39}$$

假设所述DCO增益估计正确，$H_{ol}(s)$降低到

$$H_{ol}(s) = \alpha\frac{f_R}{s} \tag{4.40}$$

这里存在一个极点dc，因此在I型中将ADPLL结构进行分类。

闭环传递函数可表示为

$$H_{cl}(s) = \frac{NH_{ol}}{1 + H_{ol}} = \frac{N\alpha(f_R/s)}{1 + \alpha(f_R/s)} \tag{4.41}$$

它可以被调整为

$$H_{cl}(S) = \frac{N}{1 + s/\alpha f_R} \tag{4.42}$$

图4.34展示了其幅度响应。设$s = j\omega = j2\pi f$，可得

$$H_{cl}(f) = \frac{N}{1 + j(2\pi f/\alpha f_R)} \tag{4.43}$$

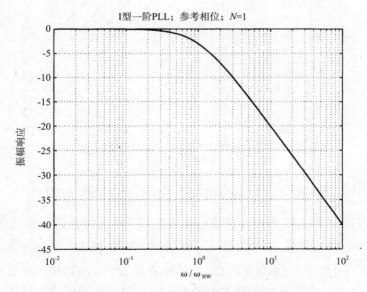

图 4.34 I型PLL的幅度响应与带宽归一化频率

由此，可得带宽或低通闭环锁相环PLL的3dB截止频率（假设 $f_{BW} \ll f_R$，可得出 s 域的近似值）为

$$f_{BW} = \frac{\alpha}{2\pi} f_R \tag{4.44}$$

图4.35所示的是，由于 α 值仅限于2的负次数幂，所以闭环传递函数归一化至参考频率。

比例分配器 N 不是开环传递函数的一部分，因此不会影响环路带宽，这一点非常有趣。这与传统的基于PLL合成器不同，其中鉴相器使用的由 N 分频的振荡器时钟（见图1.8），与在锁定状态下的更新频率一样。在这种情况下，由于被比较的相位以弧度表示（归一化到更新周期并乘以 2π），相同量的定时偏移（以秒为单位）通过 N 转化为更小的相位。数字结构的相位检测机制测量了振荡器定时的偏移，它归一化到DCO时钟周期，因此，N 不会对 ϕ_V 进行相位划分。有趣的是，这种情况和PLL结构相类似，PLL结构使用混频器对RF振荡器频率进行下变频，与边沿分频器恰好相反。

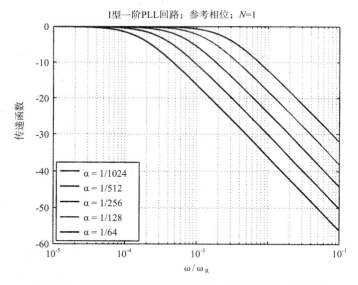

图4.35 I型PLL的幅值响应与不同 α 值的基准归一化频率

另一方面，参考频率输入相位 ϕ_R 需要乘以 N，因为它是由相同的相位检测机制所测量的，这相位检测机制归一化至DCO时钟周期。在鉴相器中观察时，FREF输入中相同的定时偏移量通过 N 的影响转化为更大的相位。这是因为鉴相器输出增加了 $1/2\pi$，所以数字相位误差没有使用DCO时钟中的弧度单位表示，而用周期数来表示。

图4.33所用的方法与常规PLL的s域的传统表示方法不太一样，它显示的是相位比较率即为DCO振荡器的相位比较率，但这并不正确。图4.36所示的是另一种在数学上等效的s域表示方法。相位比较率现在更符合传统的陈述，但该图没有反映出ADPLL相位信号被归一化到DCO振荡器这一事实。

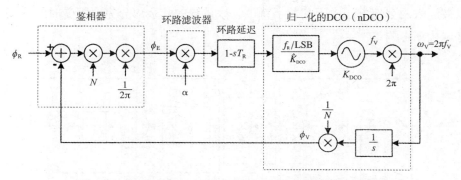

图 4.36 ADPLL的另一种s域模型，显示鉴相器中合适的比较率

4.10.1 s域和z域之间的转换

z运算为 $z = e^{j\theta}$，其中 $\theta = \omega t_0$。$\omega = 2\pi f$ 是角频率，t_0 为采样周期。在这个例子中，由 $t_0 = 1/f_R$ 可得 $z = e^{j\omega/f_R}$。与采样率相比，ω 较小的值，可得出以下近似值：

$$z = e^{j\theta} \approx 1 + j\theta = 1 + \frac{j\omega}{f_R} = 1 + \frac{s}{f_R} \tag{4.45}$$

于是，

$$s = f_R (z - 1) \tag{4.46}$$

变换式（4.40）和式（4.42），可以得出以下结论

$$H_{ol}(z) = \frac{\alpha}{z - 1} \tag{4.47}$$

$$H_{cl}(z) = \frac{N}{1 + (z - 1)/\alpha} \tag{4.48}$$

在图4.33中，为了 ω 频率较小值的相同假设，单个 FREF 周期延迟算子 e^{-sT_R} 近似于 $1 - sT_R$。

4.11 噪声和故障源

图4.37所示是ADPLL线性模型，该模型包括相位噪声源。$\phi_{n,R}$是参考输入的相位噪声，位于ADPLL外部。式（4.42）是其传递函数。在该系统内部，噪声只可以被注入两个地方。由于其数字特性，该系统的其余部分完全不受时间扰动或幅度域扰动影响。

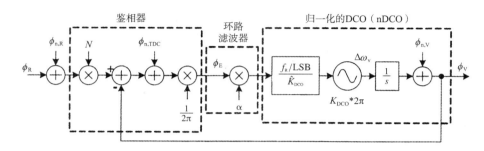

图 4.37 添加噪声源的线性s域模型（摘自参考文献［67］，©2004 IEEE.）

内部第一噪声源$\phi_{n,V}$，源于振荡器本身，在环路中经过高通滤波，其闭环传递函数为：

$$H_{cl,V}(s) = \frac{1}{1 + H_{ol}} = \frac{1}{1 + (\alpha f_R/s)} = \frac{s}{s + \alpha f_R} \tag{4.49}$$

可以改写为：

$$H_{cl,V}(f) = \frac{1}{1 - j(\alpha f_R/2\pi f)} \tag{4.50}$$

上述频率传递函数表明DCO噪声具有高通特性，其带宽或3dB截止频率为

$$f_{BW,V} = \frac{\alpha}{2\pi} f_R \tag{4.51}$$

内部第二噪声源$\phi_{n,TDC}$，是计算ε的TDC运算。虽然TDC是数字电路，但是FREF输入和CKV输入在时域中都是连续的。由于热效应，TDC的错误有几个组成部分：量化、线性度和随机性。由式（4.58）可计算TDC的量化噪声。这里应当指出的是，相位检测机制的其余部分是数字性质，所以没有产生噪声。该噪声的闭环传递函数可表示为

$$H_{cl,TDC}(s) = \frac{\alpha f_R/s}{1 + H_{ol}} = \frac{\alpha f_R/s}{1 + \alpha f_R/s} \tag{4.52}$$

可以化简为

$$H_{\text{cl,TDC}}(s) = \frac{1}{1 + s/\alpha f_{\text{R}}} \tag{4.53}$$

为便于检查，也可改写为

$$H_{\text{cl,TDC}}(s) = \frac{1}{1 + j(2\pi f/\alpha f_{\text{R}})} \tag{4.54}$$

TDC产生的噪声与参考噪声的传递函数相同，但没有增益N，这是因为TDC相位信号被归一化到DCO时钟周期。

4.11.1 TDC分辨率对相位噪声的影响

在闭环运算中，定时估计的TDC量化$\Delta t_{\text{res}} \approx t_{\text{inv}}$影响ADPLL输出的相位噪声。在一个大信号假设的情况下（跨越多个量化等级），时间不确定性的方差为

$$\sigma_t^2 = \frac{(\Delta t_{\text{res}})^2}{12} \tag{4.55}$$

可以通过将定时误差的标准偏差归一化到单位间隔，并乘以2π，以此得出相位噪声：

$$\delta_\Phi = 2\pi \frac{\alpha_t}{T_{\text{V}}} \tag{4.56}$$

总相位噪声功率均匀分布在直流电和奈奎斯特频率之间，因此，单边频谱密度可表示为：

$$\mathcal{L} = \frac{\alpha^2{}_\phi}{f_{\text{R}}} \tag{4.57}$$

因此，由于TDC定时量化的影响，在ADPLLRF输出的相位噪声谱为：

$$\mathcal{L} = \frac{(2\pi)^2}{12} \left(\frac{\Delta t_{\text{res}}}{T_{\text{V}}}\right)^2 \frac{1}{f_{\text{R}}} \tag{4.58}$$

如式（4.54）所示，TDC噪声传递函数在环路带宽内，与单位增益相结合且具有低通的特点。

作为1Hz归一化相位噪声，班纳吉品质因子（BFM）[75]可以定义为

$$\text{BFM}_{\text{dB}} = \mathcal{L}_{\text{dB}} - 10\log_{10}f_{\text{R}} - 20\log_{10}N \tag{4.59}$$

其中，f_{R}是相位比较的采样频率，$N=f_{\text{V}}/f_{\text{R}}$是PLL的分频比。

它用于比较具有不同参考频率和分频比的PLL相位性能。对于基于TDC的PLL，BFM可以推导为

$$\text{BFM} = \frac{\mathcal{L}}{f_R N^2} = \frac{(2\pi)^2}{12} \Delta t_{res}^2 \tag{4.60}$$

在蓝牙例子中，代入$\Delta t_{res} = 40 \text{ ps}$，$f_v = 2.4 \text{ GHz}$，$T_v = 417 \text{ ps}$，$f_R = 13 \text{ MHz}$，可以得出$\mathcal{L} = 10 \log(2.33 \times 10^{-9} \text{ rad}^2/\text{Hz}) = -86.3 \text{ dBc/Hz}$且BFM$=-203 \text{ dB}$。至于GSM，代入$\Delta t_{res} = 30 \text{ ps}$，$f_v = 1.8 \text{ GHz}$，$T_v = 556 \text{ ps}$，$f_R = 26 \text{ MHz}$，可以得出$\mathcal{L} = 10 \log(3.69 \times 10^{-9} \text{ rad}^2/\text{Hz}) = -94.3 \text{ dBc/Hz}$ and BFM $= -205\text{dB}$。式（4.58）揭示了TDC相位产生的噪声可以通过提高TDC定时分辨率和提高采样率来降低。尽管硅锗（SiGe）工艺中最先进的常规PLL在减少带内相位噪声方面比这里提及的ADPLL更具优势，−213dB参考文献［75］，−218dB参考文献［76］，但是即使在最坏的情况下，205dB的BFM也可以满足GSM应用，因为相位噪声对常规的PLL的影响最为显著。深亚微米CMOS工艺的进步只能带来$\Delta t_{res} \approx t_{inv}$的减少，所以在未来它们的性能差距将会缩小。

1. TDC分辨率效应的替代分析

TDC有限分辨率对ADPLL相位噪声影响可以利用开环反应进行替代分析。式（4.35）把TDC分辨率Δt_{res}和DCO输出的频率分辨率$\Delta f_{v,res}$联系在一起：

$$\Delta f_{V,res} = \alpha \frac{\Delta t_{res}}{T_V} f_R \tag{4.61}$$

式（2.20）在DCO频率偏差和它的周期偏差之间建立了关系。因此，DCO周期的分辨率是

$$\Delta T_{V,res} = \alpha \frac{\Delta t_{res}}{T_V} f_R \frac{1}{f_V^2} = \alpha \Delta t_{res} \frac{1}{N} \tag{4.62}$$

在这里，$N = f_V/f_R$，如果TDC的量化噪声是白噪声，则DCO周期偏差的方差为

$$\sigma_{\Delta T_V}^2 = \frac{1}{12}(\Delta T_{V,res})^2 = \frac{1}{12}\alpha^2(\Delta t_{res})^2 \frac{1}{N^2} \tag{4.63}$$

式（1.11）控制振荡器周期偏差和相位噪声$\mathcal{L}\{\Delta f\}$之间的关系，与载波f_V保持一定的频率偏移Δf。因为DCO控制字在NDCO时钟周期内保持不变（FREF期间），所以在DCO噪声的情况下，它的频谱只占用了$\pm f_R/2$范围，而不是$\pm f_V/2$。因此，频谱密度必须进一步乘以N：

$$\mathcal{L}\{\Delta f\} = \frac{\sigma_{\Delta T_V}^2 f_V^3}{\Delta f^2} N = \frac{1}{12} \left(\frac{\Delta t_{res}}{T_V} \right)^2 \frac{f_R}{\Delta f^2} \alpha^2 \qquad (4.64)$$

为了证明与式（4.58）等价，可选择一个适合的频率波动 Δf，

$$\Delta f = f_{BW} = \frac{1}{2\pi} \alpha f_R \qquad (4.65)$$

便于与PLL截止频率 f_{BW} 保持均等，在该 f_{BW} 中，切向（即近似直线）开环响应 $H_{ol}(f)$ 和闭环响应 $H_{cl}(f)$ 都是一致的（实际上，两者都是23dB增益）

$$\mathcal{L}\{f_{BW}\} = \frac{(2\pi)^2}{12} \left(\frac{\Delta t_{res}}{T_V} \right)^2 \frac{1}{f_R} \qquad (4.66)$$

4.11.2　DCO∑Δ抖动引起的相位噪声

1. DCO量化对相位噪声的影响

为深入了解限定的DCO频率分辨率 $\Delta f_{res} = \Delta f^T$ 量化对RF输出相位噪声的影响，需要考虑图4.38（a）所示的传递函数。

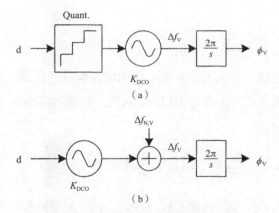

图4.38　DCO量化噪声模型

无限精度调谐信号 d 被量化为一个有限精度调谐字，使得它与DCO频率分辨率 Δf_{res} 相匹配。实际的频率偏差 Δf_V 离理想状态还差 $\Delta f_{res}/2$。接着，频率偏差通过 $2\pi/s$ 积分转换为相位。乘以 2π 表示从线性频率（hertz）向角频率（弧度/秒）转换。

由于调谐字通常跨越多个量化等级，所以在图4.38（b）中建立DCO频率量化误差模型，是一个可加的、带有白噪声频谱特性的均匀分布随机变量 $\Delta f_{n,V}$。它

在数学上等同于位于图2.19中的DCO时域模型。所以量化误差方差是

$$\sigma^2_{\Delta f_V} = \frac{(\Delta f_{res})^2}{12} \tag{4.67}$$

总相位噪声功率均匀地从DC扩散到奈奎斯特频率（即参考频率f_R的一半）。因此，$\Delta f_{n,V}$的单边频谱密度可以表现为：

$$\frac{1}{2}S_{\Delta f} = \frac{\sigma^2_{\Delta f_V}}{f_R} \tag{4.68}$$

在环路带宽外，从频率偏差$\Delta f_{n,V}$到RF输出相位ϕ_V中，闭环和开环的传递函数都是相同的：

$$H_{ol,\Delta f_V}(s) = \frac{2\pi}{s} \tag{4.69}$$

因此输出端的单边功率谱密度是

$$\mathcal{L}\{\Delta\omega\} = \frac{(\Delta f_{res})^2}{12 f_R}\left(\frac{2\pi}{\Delta\omega}\right)^2 \tag{4.70}$$

可以改写为：

$$\mathcal{L}\{\Delta f\} = \frac{1}{12}\left(\frac{\Delta f_{res}}{\Delta f}\right)^2 \frac{1}{f_R} \tag{4.71}$$

实际上，DCO输入样本不是证明上述白噪声假设的脉冲，而是在更新之间保持不变。因此，式（4.71）需要乘以sinc函数，以此与零阶保持器运算的傅里叶变换一致：

$$\mathcal{L}\{\Delta f\} = \frac{1}{12}\left(\frac{\Delta f_{res}}{\Delta f}\right)^2 \frac{1}{f_R}\left(\sin c\frac{\Delta f}{f_R}\right)^2 \tag{4.72}$$

与振荡器相位上变频的热噪声区域相同，式（4.72）也产生了20dB/decade的衰减特性，不包括保护槽口的DCO的输入采样率和倍数。如果没有抖动，即使追踪电源具有最佳的变容二极管分辨率，对于无线应用来说，产生的相位噪声通常还是会过高。例如，对于频率阶跃，$\Delta f_{res} = \Delta f^T = 23\text{kHz and } f_R = 13\text{MHz}$，产生的相位噪声将是$\mathcal{L} = -109 \text{ dBc/Hz}$，在低频带中的偏移为$\Delta f = 500\text{kHz}$。这是为了与自然DCO相位噪声$\mathcal{L} = -112 \text{ dBc/Hz}$进行比较。通过抖动增加额外$W_F = 5$比特的频率分辨率可得出$\Delta f_{res} = \Delta f^T/2^5 = 720\text{Hz}$。这有可能使相位噪声减少30dB，为-139dBc/Hz。然而，抖动工艺本身也产生大量额外相位噪声。该设计目标是减少DCO量化产生的噪声，显著低于自然产生的DCO噪声和目标RF标准。

从频率偏差量化误差 $\Delta f_{n,v}$ 源，到RF输出的相位 ϕ_v，闭环传递函数是

$$H_{cl,\Delta f_V}(s) = \frac{2\pi/s}{1+H_{ol}} = \frac{2\pi}{\alpha f_R}\frac{1}{1+s/\alpha f_R} \tag{4.73}$$

在环路带宽内，输出相位的功率谱密度是

$$\mathcal{L} = \frac{(2\pi)^2}{12}\left(\frac{\Delta f_{res}}{f_R}\right)^2\frac{1}{f_R}\frac{1}{\alpha^2} \tag{4.74}$$

并以超过20 dB/decade下降。类似于4.11.1节中的开环和闭环传递函数等效性的分析，对于 $\Delta f = f_{BW}$，式（4.71）和式（4.74）有相同的值。

2. DCO抖动和TDC分辨率效果比较

DCO抖动对相位噪声影响的程度可以与TDC的分辨率对相位噪声的影响程度进相比较。由式（4.64）和式（4.71）可得

$$\Delta f_{V,res} = f_R\frac{\Delta t_{res}}{T_V}\alpha \tag{4.75}$$

例如，在蓝牙系统中，$f_R = 13\text{MHz}$，$f_v = 2400\text{MHz}$，$\alpha = 2^{-8}$，分辨率为 $\Delta f_{v,res} = 4.9\text{kHz}$ 的DCO与分辨率为 $\Delta t_{res} = 40\text{ ps}$ 的TDC产生相同数量的相位噪声。在GSM系统中，$f_R = 26\text{MHz}$，$f_v = 1800\text{MHz}$，$\alpha = 2^{-6}$，分辨率为 $\Delta f_{v,res} = 21.9\text{kHz}$ 的DCO和分辨率为 $\Delta t_{res} = 30\text{ps}$ 的TDC产生相同数量的相位噪声。

3. DCO抖动对相位噪声的影响

式（4.72）描述了有限DCO频率分辨率的影响。由于追踪电源变容二极管设定为均匀抖动（即，无噪声整形），这个公式也很容易用来确定所述DCO的相位噪声。

因为采样频率 f_{dth} 通常比 f_R 高得多，所以此方程式改为：

$$\mathcal{L}\{\Delta f\} = \frac{1}{12}\left(\frac{\Delta f_{res}}{\Delta f}\right)^2\frac{1}{f_{dth}}\left(\sin c\frac{\Delta f}{f_{dth}}\right)^2 \tag{4.76}$$

由于其低频含量仍然高于要求更高的无线标准，所以用噪声整形DCO抖动来代替。应当指出的是，由于数字抖动电路的 W_F 字长的限制，依据式（4.72）的有限分辨率，仍然会产生相位噪声 $\Delta f_{res} = \Delta f^T/2^{W_F}$。

$\Sigma\Delta$ 整形频偏的频谱为

$$S_{\Delta f}(\Delta f) = \frac{(\Delta f_{res})^2}{12}\frac{1}{f_{dth}}\left(2\sin\frac{\Delta f}{f_{dth}}\right)^{2n} \tag{4.77}$$

与相位噪声相关联，因为 $S_\phi(\Delta f) = S_f(\Delta f)/\Delta f^2$，由此可得相位噪声的频谱为

$$\mathcal{L}\{\Delta f\} = \frac{1}{12}\left(\frac{\Delta f_{\mathrm{res}}}{\Delta f}\right)^2 \frac{1}{f_{\mathrm{dth}}}\left(2\sin\frac{\pi\Delta f}{f_{\mathrm{dth}}}\right)^{2n} \tag{4.78}$$

$\Sigma\Delta$变容二极管的抖动使变容量化噪声能量转移到RF输出的高频偏移。由于零阶保持器的影响，该光谱在600MHz的采样频率显示为空。这里有一个由该sinc函数引起衰减的复制频谱，其范围为600~1200MHz。整个$\Sigma\Delta$抖动工艺包含两个相位噪声组成部分：式（4.72）$\Delta f_{\mathrm{res}} = \Delta f^T$ 和式（4.78）$\Delta f_{\mathrm{res}} = \Delta f^T/2^{W_r}$。

图4.39展示了此设计中实现的DCO的预期相位噪声频谱成分：由f_R=13MHz时钟产生的白色抖动和f_{dth}=600MHz的二阶$\Sigma\Delta$抖动。f_{dth}时钟频率产生的白色抖动仅为假设。图4.40显示了GSM例子中的类似图形。$f_{\mathrm{dth}} = f_V/8$=225MHz引起二阶MASH$\Sigma\Delta$抖动，具有Δf_{res}=12kHz的TB阶跃，同时，在20~80MHz的频率偏移会产生低于-166dBc/Hz的高频相位噪声，从而以4dB的余量满足极其严格的GSM规格。

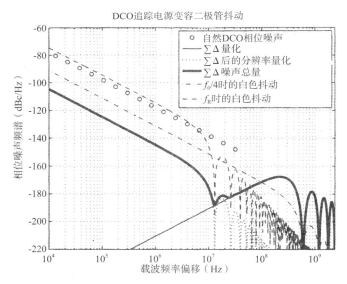

图4.39 Δf_{res}频率量化产生的相位噪声频谱以及不同的抖动方式（低波段 f_V = 2400 MHz，Δf_{res} = 23 kHz，f_{dth} = $f_V/4$，W_F = 5）

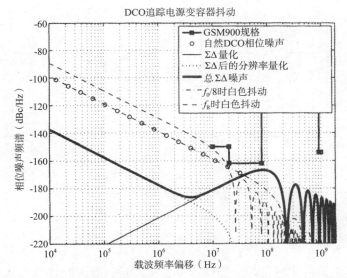

图4.40 f_{res}频率量化与不同抖动方式产生的相位噪声频谱（低带宽 f_v=915MHz，Δf_{res}=12kHz的HB，f_{dth}=f_v/8，W_F=8）

4.12 II型ADPLL

将图4.30进行修改，使之包括零频率的第二极，从而产生了II型ADPLL，这也称为比例积分（PI）控制器，在全数字PLL用于时钟产生和恢复[31~35]，也可用于硬盘驱动器读取通道[77]。经过多年来对这一类型结构的研究，已经获得了大量的经验。

在数字域中，PI控制是通过积累相位误差样本 $\phi_E[k]$ 和以积分环增益e对其进行缩放来完成的（图4.41）。e的值通常比a小。比例积分路径产生的影响也计算在内。

II型拓扑结构的主要优点是具有更好的滤波能力，更好地过滤振荡器噪声，从而改善了相位噪声整体性能。I型循环只能提供20dB/decade的DCO相位噪声滤波，而II型可高达40dB/decade。上变频的DCO闪烁噪声产生30dB/decade的光谱斜率（图1.4），且在深亚微米CMOS中相当麻烦，但是现在在II型环路中可以完全去除。

II型环路的另一个优点在于，面对参考频率或可变频率升/降，不会产生稳态频率误差。这一优点可充分应用于GSM。因为GSM应用在实际环境条件下，例如电源电压不稳定、振荡器产生漂移或者外部产生低频干扰时，需要低频误差。

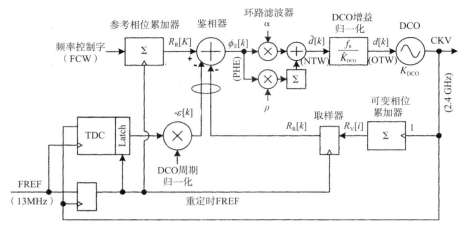

图4.41 Ⅱ型相域全数字同步PLL合成器

Ⅱ型环路的另一个特征是，即使频率偏移恒定，参考时钟和可变时钟之间的相位偏移仍然趋近于零。这点特别适用于整数N分频比中的时钟恢复应用设备。然而，在无线应用设备中，例如本地振荡器，此特征作用不大，这是因为不需要调整RF时钟相位。

由于PI配置的瞬变较长，仅适用于追踪模式。为了不降低切换时间，在获取和快速追踪期间，需要关闭整数部分e。通过这种方式，在获取期间可以发挥快速瞬变现象环路特性，而滤波性能更好却较慢的瞬变则可以用于常规追踪中。

为了进一步加强Ⅱ型系统的互操作性，Ⅱ型环路结构的激活应该推迟到正常追踪模式之后。在快速获取期间，追踪电源变容二极管和高环路增益设置用于完成最后频率稳定。切换进入常态追踪时，比例环路增益衰减了，但积分环路增益开始进入，其内部累加器设置为初始值零。遗憾的是，上述模式残留直流电偏移现在当做额外的相位误差偏差，这可能需要相当长时间来解决。对此，有一种解决方法是在累积运算之前，从相位误差中消除这一偏差。

图4.42和图4.43所示的是Ⅱ型ADPLL运算。在运算开始时，通过维护SRST控制信号对所有存储器元件（寄存器）同步复位。在使用PVT校准和采集模式来锁定初始频率后，ADPLL激活了DCO变容二极管的追踪电源。起初，环路带宽是很高的，并且只使用了一个比例环路增益α。这使得我们可以迅速解决前面采集模式中任何一个频率量化误差，然后进入常态或实际追踪模式。下列事件大约发生在相同时间：首先，通过减少α比例增益因子来缩小环路带宽，这进一步过滤掉了相位误差$\phi[k]$；其次，对其进行取样并以$\phi[k_0]$形式储存；最后，通过激活积分项e，将ADPLL I型环变成Ⅱ型环。累积$\phi[k]-\phi[k_0]$的差会产生带有相位误差残留

的II型ADPLL。应当注意的是，I型ADPLL环路中只使用了图4.43中的模式1和模式2。在II型运算的传统定义中，没有使用模式3，且$\phi[k_0]=0$。这迫使组合量化频率误差慢慢衰减到零，从而产生不必要的过渡，如图4.42所示的相位误差曲线。

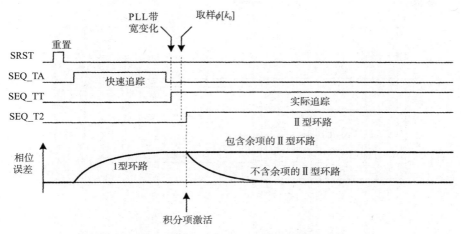

图4.42　包含相位误差余项与不含相位误差余项的II型运算

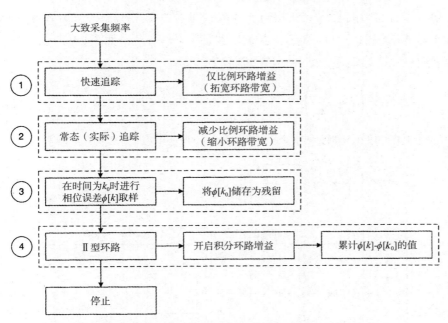

图4.43　带相位误差残留的II型环路运算流程图

图4.44显示了II型环路滤波器硬件的实现。a和e环路增益因子以一种有效的方式作为右移运算实现。在II型环路运算的开始，残余锁存器对相位误差$\phi[k_0]$进行采样，并输出到积分累加器，即调整过的$\phi[k]-\phi[k_0]$相位误差样本。传统定义上

的II型环路运算（"无残余"）可以通过重置残余锁存器的SRST信号来实现，从而使$\phi[k_0]$变成零。I型环路运算可以通过另外重置积分累加器来实现。

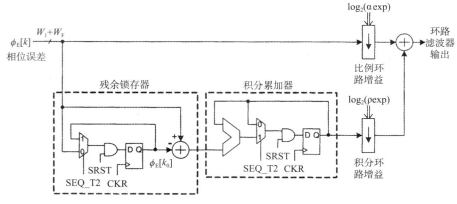

图4.44 II型环路滤波器的硬件实现

4.12.1 II型环路的PLL频率响应

接下来在积分路径中寻找相当于离散时间累加器$z^{-1}/(1-z^{-1})$的s域开始分析。由式（4.46）可得$(z-1)=s/f_R$，其相反数是$z^{-1}/(1-z^{-1})$，如图4.45所示。

假设K_{DCO}估计正确，则开环传递函数为

$$H_{ol}(s)=\left(\alpha+\frac{\varrho f_R}{s}\right)\frac{f_R}{s}=\frac{\varrho f_R^2}{s}\cdot\frac{1+s/(\varrho f_R/\alpha)}{s} \tag{4.79}$$

表示的是原点的两个电极和在$\omega_z=j(\varrho f_R/\alpha)$一个复零点。开环单元增益为

$$\omega_1=\alpha f_R\left(\frac{1}{2}+\frac{1}{2}\sqrt{1+\frac{4\varrho}{\alpha^2}}\right) \tag{4.80}$$

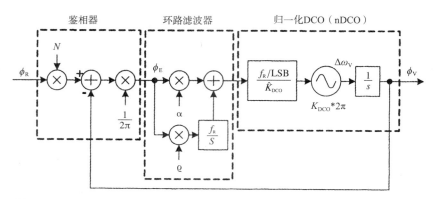

图4.45 II型ADPLL的线性等效s域模型（摘自参考文献［65］，©2005 IEEE.）

闭环传递函数为

$$H_{cl}(s) = N\frac{(\alpha + \varrho f_R/s)(f_R/s)}{1 + (\alpha + \varrho f_R/s)(f_R/s)} = N\frac{\alpha f_R s + \varrho f_R^2}{s^2 + \alpha f_R s + \varrho f_R^2} \qquad (4.81)$$

这可以和图4.46所示幅值响应的经典双极系统传递函数相比较：

$$H_{cl}(s) = N\frac{2\zeta\omega_n s + \omega_n^2}{s^2 + 2\zeta\omega_n s + \omega_n^2} \qquad (4.82)$$

其中，ξ 是阻尼因子，ω_n 是自然频率；零位于 $\omega_z = -\omega_n/2\xi$。结合这两个方程，得出

$$\omega_n = \sqrt{\varrho}\, f_R \qquad (4.83)$$

$$\zeta = \frac{\alpha f_R}{2\omega_n} = \frac{1}{2}\left(\frac{\alpha}{\sqrt{\varrho}}\right) \qquad (4.84)$$

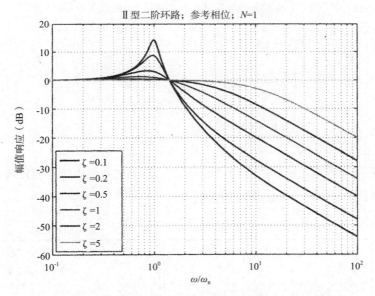

图4.46 II型PLL环路的幅值响应和 ζ 任意值的 ω_n 归一化频率

例如，对于GSM，如果 $\alpha = 2^{-7}$，$\varrho = 2^{-15}$，则 $\zeta = 1/\sqrt{2}$。图4.47表示的是闭环传递函数，α 具有常量 $\zeta = \dfrac{1}{4}$ 的不同值。

II型环路多产生一个调谐旋钮，从而能够更灵活地调整环路噪声性能。ϱ 给自然频率和阻尼因子增加了平方根效果，从而需要更多位以保持与 α 相同的动态范围。

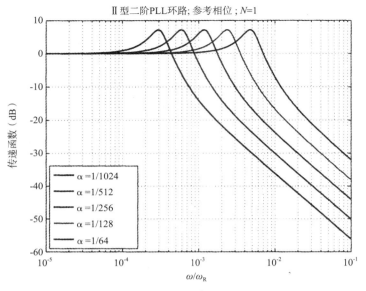

图4.47　Ⅱ型PLL的幅值响应和 $\zeta = \dfrac{1}{4}$ 时任意 α 值的参考归一化频率

变换式（4.79）和式（4.81）为 z 域，可得

$$H_{\mathrm{ol}}(z) = \frac{\alpha(z-1) + \varrho}{(z-1)^2} \tag{4.85}$$

$$H_{\mathrm{cl}}(z) = N\frac{\alpha(z-1) + \varrho}{(z-1)^2 + \alpha(z-1) + \varrho} \tag{4.86}$$

可以采用与本章4.11节相似的分析方法，研究DCO噪声源和TDC噪声源的影响。图4.48是图4.37的一个Ⅱ型ADPLL版本。

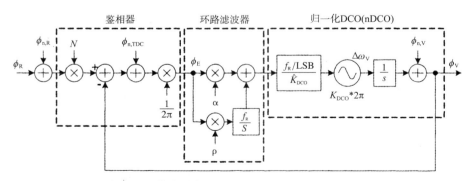

图4.48　带有噪声源的Ⅱ型ADPLL的线性 s 域模型

振荡器相位噪声的闭环传递函数

$$H_{\mathrm{cl,V}}(s) = \frac{1}{1 + (\alpha + \varrho f_{\mathrm{R}}/s)(f_{\mathrm{R}}/s)} = \frac{s^2}{s^2 + \alpha f_{\mathrm{R}} s + \varrho f_{\mathrm{R}}^2} \tag{4.87}$$

图4.49所示是DCO相位的幅值响应。与I型响应相比，在自然频率ω_{n}存在达到峰值的风险时，低频率噪声成分可以进一步衰减。

TDC相位噪声的闭环传递函数：

$$H_{\mathrm{cl,TDC}}(s) = \frac{(\alpha + \varrho f_{\mathrm{R}}/s)(f_{\mathrm{R}}/s)}{1 + (\alpha + \varrho f_{\mathrm{R}}/s)(f_{\mathrm{R}}/s)} = \frac{\alpha f_{\mathrm{R}} s + \varrho f_{\mathrm{R}}^2}{s^2 + \alpha f_{\mathrm{R}} s + \varrho f_{\mathrm{R}}^2} \tag{4.88}$$

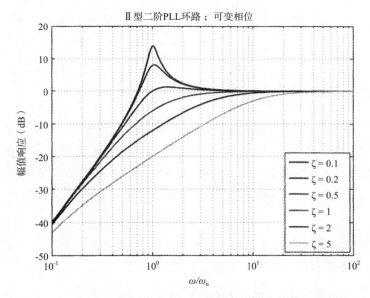

图4.49 Ⅱ型PLL的DCO幅值响应和ζ任意值的ω_{n}归一化频率

4.13 高阶ADPLL

用TDC替代常规的相位/频率检测器，用DCO替代常规的振荡器，就可以产生一个全数字环路滤波器。环路滤波器可以构建成FIR和IIR滤波器组合以及累加器（即带直流电极的IIR滤波器）。FIR和IIR滤波器通常与比例环路增益α串联，而产生Ⅱ型锁相环配置的累加器则为并联。通常使用IIR滤波器比FIR滤波器更有利，因为IIR滤波器通常更为紧凑并具有较强的滤波能力。但是复杂的IIR滤波器很容易变得不稳定。可以通过将IIR滤波器与单极IIR滤波器串联，因为单极的IIR滤波器在任何情况下都能保持稳定。IIR滤波器的相位延迟变化通常不是一个有趣的波动频率问题，波动频率比采样频率至少小10倍。

图4.50所示是一个环路滤波器的四个单极IIR级以及附有直流极的累加器 $z^{-1}/(1 - z^{-1})$。这种安排顺序体现了分辨率和电路的大小之间的权衡。

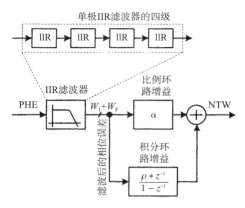

图4.50 单极IIR级的环路滤波器和带直流极的累加器

如图4.41所示，Ⅱ型PLL中不如之前一样频繁使用全数字架构的数控振荡器。Ⅱ型PLL中不是加入直流电极，而是加入具有$L(z)$传递函数的低通滤波器。这里使用了一个关于环路滤波器具体的例子，该环路滤波器由四级的单极IIR滤波器串联组成。四个中的任何一个滤波级可以忽略，这样产生的锁相环的阶可能会在第一和第五之间。

一个单电极的IIR滤波器实施如图4.51所示。因此频率特性和极位置由衰减因子λ决定。λ可看作右移运算子。时域方程表示为：

$$y[k] = (1 - \lambda)y[k - 1] + \lambda x[k] \tag{4.89}$$

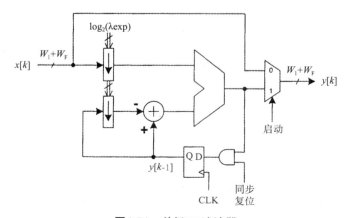

图4.51 单级IIR滤波器

z域传递函数表示为：

$$H_{iirl}(z) = \frac{\lambda z}{z - (1-\lambda)} \qquad (4.90)$$

其s域表示为：

$$H_{iirl}(s) = \frac{1 + s/f_R}{1 + s/\lambda f_R} \qquad (4.91)$$

线性频率（$s = j\omega = j2\pi f$）表示为：

$$H_{iirl}(f) = \frac{1 + j(2\pi f/f_R)}{1 + j(2\pi f/\lambda f_R)} \qquad (4.92)$$

其中，3dB截止频率为：

$$f_{BW,iirl} = \frac{\lambda}{2\pi} f_R \qquad (4.93)$$

运用模拟技术，主要由于稳定性的原因，特别是将过程和温度变化考虑在内时，PLL最多只能实际进行到第三阶[33, 74, 78]。然而，在数字VLSI实现中不存在这些限制条件，因此在数字VLSI可以创建更高阶的结构，这将更有效地减少噪声并提高频率响应的精确度[79]。全数字环路使用了环路滤波器的数字设计，从而给不同工艺带来益处，比如提高了可测试性、灵活性和可移植性。

图4.52所示的是一个II型高阶ADPLL频率合成器的s域模型。现在变换式（4.79），加入式（4.91）的IIR滤波器因子，得出：

$$H_{ol}(s) = \left(\alpha + \frac{\varrho f_R}{s}\right) \frac{f_R}{s} \frac{1 + s/f_R}{1 + s/\lambda f_R} = \frac{\varrho f_R^2}{s} \frac{1 + s/(\varrho f_R/\alpha)}{s} \frac{1 + s/f_R}{1 + s/\lambda f_R} \qquad (4.94)$$

它显示了在原点的两个极 $\omega_{p1} = \omega_{p2} = 0$ 和 $\omega_{p3} = j\lambda f_R$，还有两个零点在 $\omega_{Z1} = j(\varrho f_R/\alpha)$ 和 $\omega_{Z2} = jf_R$。

在GSM应用实现的ADPLL中，使用四个独立控制的IIR级。四极IIR滤波器弱化将基准噪声和TDC量化噪声弱化至80Db/decade，主要是为了满足GSM频谱掩码要求，为400kHz偏移。调整式（4.94）以反映四个串联的单级IIR滤波器，每个滤波器都包含一个衰减系数 λ_i，其中 $i = 0\cdots3$：

$$H_{ol}(s) = \frac{\varrho f_R^2}{s} \frac{1 + s/(\varrho f_R/\alpha)}{s} \prod_{i=0}^{3} \frac{1 + s/f_R}{1 + s/\lambda_i f_R} \qquad (4.95)$$

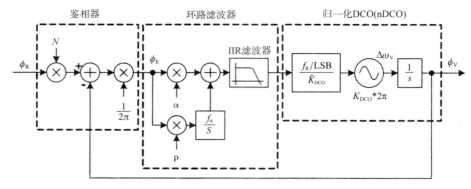

图4.52 Ⅱ型高阶ADPLL的线性化等效s域模型

基准的闭环传递函数具有低通的特点，具有增益乘数N：

$$H_{cl}(s) = N\frac{H_{ol}(s)}{1 + H_{ol}(s)} \tag{4.96}$$

TDC的低通闭环传递函数为：

$$H_{cl,T}(s) = \frac{H_{ol}(s)}{1 + H_{ol}(s)} \tag{4.97}$$

DCO的高通闭环传递函数为：

$$H_{cl,V}(s) = \frac{H_{ol}(s)}{1 + H_{ol}(s)} \tag{4.98}$$

4.13.1 PLL稳定性分析

在蓝牙频率合成器中，维持环路的稳定性不是问题，这是因为蓝牙频率合成器中可以使用简单的一阶或二阶环路滤波器，所以能够轻松维持环路增益因子的直观值。当α<1时，Ⅰ型ADPLL恒稳定。当$\zeta \geqslant 0.707$时，Ⅱ型ADPLL为稳定状态，并达到合适的峰值。GSM应用需要使用图4.50所示的高阶环路滤波器，这就需要进行一次更复杂的环路稳定性分析。下面使用传统s域控制环路理论工具来开展。

ADPLL开环传递函数遵循式（4.95）。图4.53所示的是没有ADPLL环路设置的开环传递函数的幅值和相位：$\alpha = 2^{-7}, \rho = 2^{-15}, \lambda_i = 2^{-7}(i = 0\cdots2)$和$\lambda_3 = 2^{-4}$。稳定性分析最终得出以下数据：

（1）开环0分贝点=35.1kHz。

（2）开环-180°点=186kHz。

（3）相位裕度=47.8°。

（4）增益裕度=18.6dB。

（5）闭环增益400kHz=−33.0dB。

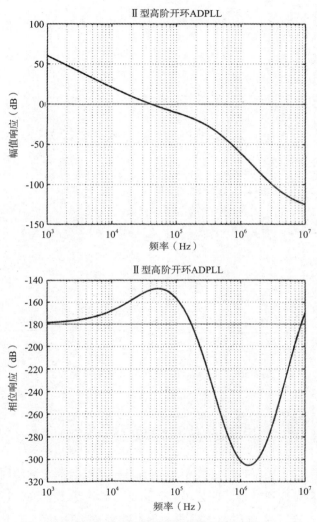

图4.53　默认环路设置的开环传递函数

分频比N乘数之前的闭环传递函数为

$$H_{cl}(s) = \frac{H_{ol}(s)}{1 + H_{ol}(s)} \tag{4.99}$$

如图4.54所示，它对应TDC反馈。对于FREF传递函数，N=1800MHz/26MHz=69.23=36.8dB。图4.55所示的是DCO相位闭环传递函数的幅值和相位。

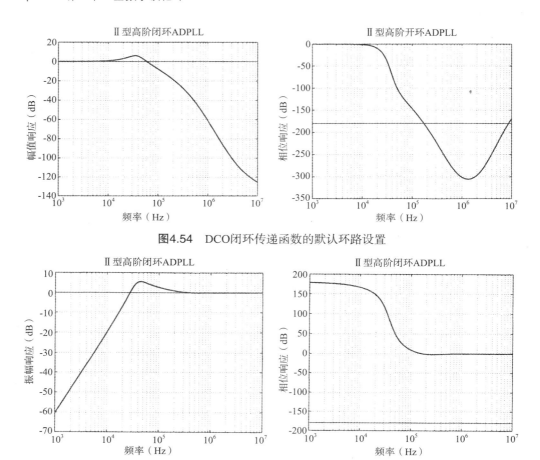

图4.54　DCO闭环传递函数的默认环路设置

图4.55　DCO闭环传递函数的缺省环路设置

4.14　ADPLL的非线性差分项

差分项（$1-z^{-1}$）可以被添加到鉴相器输出$\phi_E[k]$来监控它的瞬时变化。由于高通以及因而加大噪声的特点，差分项必须以非线性的方式滤波。这可以通过一个阈值电路来感知当前采样和先前采样的绝对相位误差之差，并激活DCO校正大相位误差步进来完成，Ⅰ型PLL如图4.56所示。差分项非常适用于处理在PLL环路刚设定且反应比较迟缓时，进行常规追踪操作时偶然产生的快速频率扰动。应设置足够高的阈值，以避免受到热分布和预期闪烁噪声的影响的触发。这些热分布和预期闪烁噪声由具有连续特征的环路组件所引发。

导致振荡频率的这些突然变化的原因可能是，如集成数字基带开始一项新的活动或功率放大器开始加大，导致了电源电压突然下降，进而影响振荡器频率。

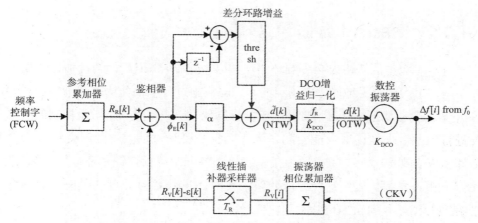

图4.56 具有非线性差分项的相位域ADPLL合成器

由于环路带宽较为狭窄，使用比例项处理突然扰动通常需要很长一段时间。瞬时相位误差扰动并不一定意味着会对振荡频率产生一致的变化，要滤波掉任何瞬时相位误差扰动，则非常有必要在许多时钟周期内限制新的相位误差。

4.14.1　RF时钟的质量监控

相位误差的差分项可以用来确定生成的RF时钟CKV的质量和指示锁相环锁定的损失。

图4.57显示一个时钟质量监控（CQM）电路。其运算基于这样的观点：ADPLL RF输出中的相位噪声与数字参考频率计时（FREF-clocked）的相位误差信号的变化密切相关。为了将硬件复杂性降到最低，相位误差计算使用了较为简单的第一范式（连续样本绝对差的最大值），而没有采用第二范式（rms的平方）。只要瞬时相位误差ϕ_E采样在一定范围内，CQM电路就可以保证对通知信号进行锁维护。

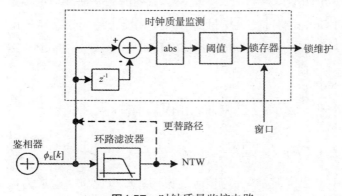

图4.57 时钟质量监控电路

4.15 使用PLL预估DCO增益

对K_{DCO}增益估计错误会影响环路增益α的准确性，但K_{DCO}增益估计错误本身并不是一个大问题。最能表明这点的是，在实施过程中，α作为基数为2的负指数，可由寄存器编程进行粗调。通过系统分析发现，没必要对环路增益控制的间隔尺度进行微调。那么读者可能会问，为什么没必要呢？是因为微调会对DCO增益估计形成表观应力吗？主要原因是发射机频率调制的预期锁相环运算，第5章对此作了相关介绍。运用这种方法确实需要对DCO增益有充分的了解。此估计用于图3.1和图4.30的DCO增益归一化倍增器$f_R/\hat{K}_{DCO}$。

正如3.2节中提及，DCO增益估计$\hat{K}_{DCO}$可以通过利用现有的鉴相器功率计算，目的是确定振荡器频率偏移Δf_v。DCO频率偏移Δf_v可以按照鉴相器更新时的观测时间间隔，通过观察相位误差的差值$\Delta\phi_E$（即DCO时钟周期的分数部分）进行计算，通常等于参考频率时钟周期T_R。式（4.33）可以改写为：

$$\Delta f_v = \frac{\Delta\phi_E}{T_R} = \Delta\phi_E f_R \tag{4.100}$$

将式（4.100）代入式（3.3）中，从而得出DCO增益的估计值

$$\widehat{K}_{DCO}(f_v, OTW) = \frac{\Delta\phi_E}{\Delta OTW} f_R \tag{4.101}$$

对于一个给定的DCO输入OTW，式（4.101）理论上允许通过观测鉴相器输出$\Delta\phi_E$，作为ΔOTW输入扰动响应前参考时钟周期，来计算振荡器增益K_{DCO}的本地值。当然，参考频率f_R为系统参数，在实际应用中，明确知道其精确值。

可惜的是，正如本章第4.6.2节所提及，上述的频率估计理论不是一个好的选择，因为Δt_{res}的实际值的过度TDC量化。与此相反，使用稳态相位误差之间的差值进行计算则更为合适。式（4.36）运用了这种关系，在此再重复一次：

$$\Delta f_v = \phi_E \alpha f_R \tag{4.102}$$

可将式（4.102）代入式（3.3），从而得出DCO增益的估计值：

$$\widehat{K}_{DCO}(f_v, OTW) = \frac{\Delta\phi_E \alpha}{\Delta OTW} f_R \tag{4.103}$$

在I型PLL中，相位误差$\Delta\phi_E$与相应的振荡频率成比例，这成为运算中的一个巨大优势。因此，不仅可以利用鉴相器的电源，也可以利用PLL环路本身的平均

性能和自适应能力。式（4.101）现在可以应用于任意数量FREF时钟周期的常规环路更新（不同于一般情况下）。测量结束时，使用了最终的$\Delta\phi_E$值和ΔOTW值。环路本身提供平均和频率量化减少量。

上述分析中，由于OTW扰动的影响，须通过观测产生的相位误差变化进行频偏计算。也可以通过设置频偏先验和观测频率调谐字产生的变化，将这个顺序反过来。

4.16 PLL增益的换挡

在锁相环运算的常规过程中，两个独特的间隔相互冲突的需求很容易区分。在第一间隔，目标是尽可能快速获得实际所需的目标频率。需要拓宽环路带宽，即使这样会增强相位噪声和杂散，但它们此时影响不大。在第二间隔中，涵盖实际的TX和RX运算，进行这些运算的目的在于维持或追踪第一阶段获得的目标频率。环路带宽必须保持较低，以尽量减小参考路径的相位噪声与杂散。此外，高阶循环路运算可能有利。PLL的这些矛盾特性需求必须建立一种机制，运用此机制，一旦相位采集完成，环路带宽就可以顺利换挡。这里描述的换挡机制[80]可以用来实现这一目标。该观点有以下两个特征：

（1）自动换挡，这完全包含在振荡器追踪增益模块（GT）。运用在我们的用例测试芯片实现中，在使用追踪电源变容器时，进行归一化增益切换。

（2）通过零相位重启（ZPR）延长换挡，涉及多个模块。在工作频率接近目标频率时，可实现DCO分辨率逐步细化。这一概念在图2.9中有介绍，并结合图3.9进行了描述。

该机制涉及归一化PLL增益常数α的换挡或切换的引入。频率或相位采集期间，使用一个较大的环路增益常数α_1，以保证产生的相位误差在所限定的范围内（式（4.37））。频率和相位采集后，产生的相位误差处于稳定状态，相位误差也只是大致的频偏。跃迁转化成追踪时（在同步数字设计也意味着在同一个时钟周期内），以下两个运算同时进行：

（1）将DC偏移加入相位误差或DCO调谐字。

（2）将环路常数从α_1减少到α_2。

因为操作（1）导致大大降低了最大相位误差，现在可以减少α且不形成影响。应该注意的是，在I型PLL中，频偏与相位误差和增益常数α成正比。

此换挡的概念主要在数字系统中具有实施意义。一般在模拟电路中，很难执行PLL换挡，因为切换中不完美的匹配以及电压或电荷损失，从而导致任何时候一个突然的扰动（换挡）引入产生相位突变或扰动。此处描述的方法是完全数字化的，且不需要鉴相器提供一个大的动态范围，同时能够不中断运算。这与相域全数字锁相环合成器架构完美匹配。

虽然通常在模拟域很难执行正确瞬时换挡，但是一些连续模式运算的尝试已经被证实。例如，用于时钟恢复应用的时间连续自适应换挡[81]。此设想是基于滤波的相位变化，逐步减少环路增益。随着环路逐渐稳定，鉴相器的输出产生的输出变化越来越少，导致更少的电荷存储在电容器。该做法可以逐渐减少电荷泵的偏差，从而减少整个环路增益。遗憾的是，由于电荷泵对电流进行的是动态的控制，这可能会成为VCO输入的另一个相位噪声输入源。另外一个例子源于参考文献[82]，通过改变电荷泵电流与PLL滤波器参数，从而切换可变环路带宽。

4.16.1　自动换挡机制

图4.58显示了PLL换挡背后的概念。由追踪模式控制序列信号控制的异步触发器是一种$\Delta\phi$相位误差调整的锁定机制的简化符号。实际上，它将以一个同步复位的状态机实现，该状态机根据从获取（或快速追踪）到追踪带宽的跃迁，将新的$\Delta\phi$值存储到清除了的寄存器中。快速追踪模式中，PLL环路在高环路宽带机制下工作，由归一化环路增益α_1控制。就在换挡切换前，相位误差的值为Φ_1，归一化调谐字的值为$NTW_1 = \alpha_1\Phi_1$。在换挡切换实体中，新的相位误差值$\Phi_2 = \Phi_1 + \Delta\Phi$应该调整为新的更低的追踪式环路增益值$\alpha_2$，以免在事件前与事件后出现振荡器频率扰动（$NTW_1 = NTW_2$）：

$$\alpha_1\phi_1 = \alpha_2(\phi_1 + \Delta\phi) \tag{4.104}$$

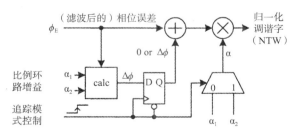

图4.58　换挡机制（引自参考文献[80]，©2005 IEEE.）

所需的式（4.105）中的相位误差调整$\Delta\Phi$由式（4.104）推导得出：

$$\Delta\phi = \frac{\alpha_1 - \alpha_2}{\alpha_2}\phi_1 = \left(\frac{\alpha_1}{\alpha_2} - 1\right)\phi_1 = \frac{\alpha_1}{\alpha_2}\phi_1 - \phi_1 \tag{4.105}$$

接着$\Delta\phi$值保持不变，并在随后的追踪模式运算中添加到相位误差样本。限制归一化环路增益α_1/α_2的比到2的幂次方非常有利，这样式（4.105）只需在换挡实体中减去ϕ_1本身之前，便简单地减少到相位误差ϕ_1的左移运算。

应该指出的是，追踪模式中的"有效"中心频率$f_{V,eff}$与获取模式运算之初的"原始"振荡器频率f_V相比，更接近目标频率：

$$f_{V,eff} = f_V + \Delta\phi\alpha_2 K_{DCO} \tag{4.106}$$

图4.59所示的是换挡机制的具体实现。为了便于实现，环路增益因子α_1与α_2被限制为−2的整数次幂，这样环路增益乘法器可以简化为右移运算子。由于最终环路带宽必须小于快速追踪时的带宽，因此需要再次使用第一个$\log_2(\alpha_1)$移位，作为最后追踪模式的二级串联中的第一级。第二级按$\log_2(\alpha_2-\alpha_1)$移位。因此，净效应在追踪模式中按$\log_2(\alpha_2)$移位。

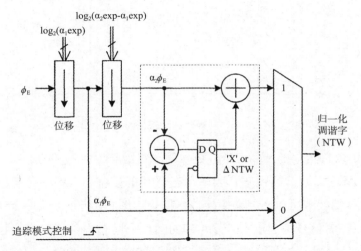

图4.59 换挡机制的实际实现（摘自参考文献［83］，©2005 IEEE.）

式（4.104）表示的是换挡实体中的归一化调谐字，现在把式（4.104）修改为：

$$\alpha_1\phi_1 = \alpha_2\phi_1 + \Delta NTW \tag{4.107}$$

其中，ϕ_1为相位误差样本值，$\Delta NTW = \phi_1\alpha_1 - \phi_1\alpha_2$是归一化调谐字的调整，以保证振荡器不产生频率扰动。在换挡周期中，当追踪模式控制信号跃迁由低到高，且在整个追踪模式过程中以锁存器进行维持时，对连续计算的ΔNTW值进行采样。

1. 多换挡事件

为了最佳的获取性能，可以对环路带宽换挡多次。图4.60显示的是一个相位误差轨迹，进行两个换挡事件时，PLL执行解决初始频率误差。用一条粗曲线代表相位误差轨迹，表示局部平均值，两条虚线分别表示包络线噪声的最大和最小限度。在换挡事件中，最后一个相位误差样本值成为新的轨迹的起点。显然，平均轨道的切换扰动与之前的噪声影响一样大。在运算体系下，TDC噪声占主导地位，相位误差噪声的数量直接与环路带宽或环路增益因子成正比。因此，图4.60中环路增益的每次向下切换都降低相位误差的变化。环路带宽的不断变小增加了DCO相位噪声的影响，所以在某种程度上，相位误差信号噪声开始变得更厉害。

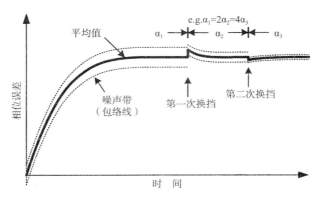

图4.60 频率采集期间进行两次换挡时的相位误差轨迹

图4.59可以自然地扩展到三个或更多的环路增益参数α连续减少。随着α的每次减少，环路更接近目标频率，频率动态范围也会缩小，频率分辨率将得以提高。一个这样的实现可以支持两个换挡事件，如图4.61所示。第一个快速追踪模式是由TRK_1控制信号引起的，与图4.59的运算方案相同。第二个换挡由上升的TRK_2控制信号触发，与此同时，TRK_1仍然保持高电平。此时，切换实体中，新的归一化调谐字调整ΔNTW_2是基于NTW进行的：

$$\Delta NTW_2 = (\Delta NTW_1 + \alpha_2\phi_2) - \alpha_3\phi_2 \qquad (4.108)$$

其中，ϕ_2是增益α_3的第二次换挡中的相位误差采样值。

图4.62展示了图4.61的双换挡运算是如何可以任意扩展以优化从获取到追踪的跃迁。在换挡实体中，通过将增益减少限制为1比特或是增益值的一半，将量化误差减少到最小。追踪控制信号建立1比特增益量减少的时间实体，应该持续足够长的时间来解决之前增益的量化误差。级的数量取决于获取模式和追踪模式之间的目标环路增益的指数差异。

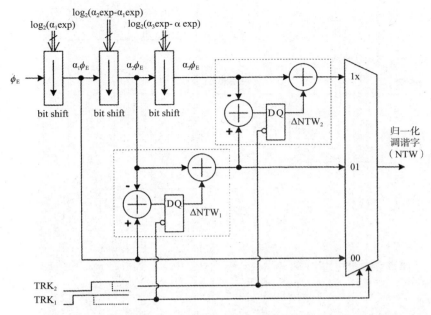

图4.61 通过双换挡逐步缩小PLL带宽（摘自参考文献［83］，©2005 IEEE.）

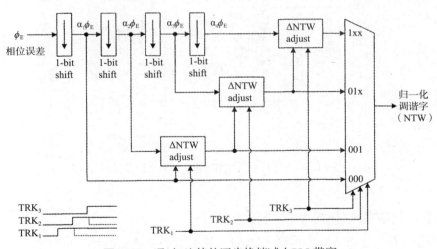

图 4.62 通过1比特的逐步换挡减少PLL带宽

图4.63提出了换挡概念的扩展。PLL带宽的瞬时减少也可以通过使用λ因子改变IIR滤波器极点位置来实现，如式（4.93）所示。切换λ不影响输出的基线，所以在α换挡的情况下不必进行额外的调整，此处这一方式具有优势。建议使用换挡运算采取α和λ组合缩放。

图4.64显示了一个使用反馈的换挡机制的简单实现。这是受图4.63的启发，在离散换挡事件中，因子λ（现在为α）导致的不间断幅值缩放很少发生。

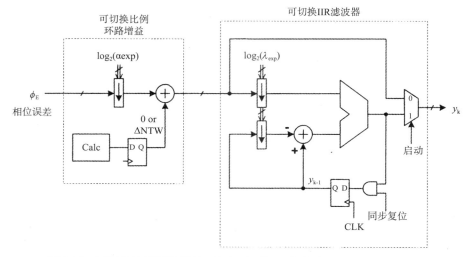

图4.63 可切换比例环路增益α以及可切换IIR滤波器极因子λ的换挡实现

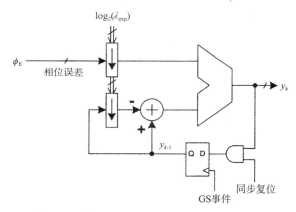

图4.64 使用可切换的IIR滤波器实现换挡反馈

4.16.2 用零相位重启扩展换挡方式

4.16.1节中所述的换挡机制是DCO增益模块中的独立部分。可以进一步改进DCO操作范围，然而，这需要一些修改相位误差信号的一个或者两个信号源：参考相位R_R和可变相位R_V。因为R_R的运算频率远远低于R_V，实际中，在参考相位累加器中执行任意的相位调整则更为简单。

因为换挡运算是无中断的，所以不会扰动到未经调整的相位误差$\phi[k]$（源于鉴相器）。如果采集阶段结束后，相位误差值在动态范围内为最大，则它将在追踪期间也保持不变。频率范围按比例低于α值，但是现在新的"有效"中心频率更接近目标频率。通过对DC相位误差校正$\Delta\phi$以及参考相位R_R或DCO相位R_V进行适当的调整，使得换挡切换恰好为0，从而得到有效的中心频率。这是改进方案背后的主要目的。

上述方案在换挡期间只需执行以下步骤操作即可以实现：

（1）在换挡实体（仍然在同一个时钟周期）之后，为了使ϕ_2为零，应使R_R等于R_V（反之亦然，但反之则没有相应的优势）。在换挡时钟周期加载变量累加值R_V到参考寄存器R_R，同时，通过频率控制字（FCW）执行定期调整，以实现这一点。相位误差值ϕ_2不为零，但等于FCW，与通常预期一样，在下一个时钟周期中增补为零。

（2）修改原始的方法$\Delta\phi$为：

$$\Delta\phi = \frac{\alpha_1}{\alpha_2}\phi_1 \tag{4.109}$$

将获取到追踪的归一化环路增益比率α_1/α_2限制为2的整数次幂值非常有益。这样一来，式（4.109）可以简单地减少到相位误差ϕ_1的左移位运算。应该指出的是，这种改进方法可以适应高阶PLL的工作。在这种情况下，环路滤波器积分器将另外需要重置。

1. 零相位重启机制

改进后的零相位重启（ZPR）换挡是图2.9的DCO模式切换运算的基础。在主动运算模式中，新的DCO调谐字由寄存器依每一个时钟周期锁存。关于DCO运算电池模式切换，调谐字的最终存储值由寄存器保持。因此，正常运算时，在给定的时间内只能激活一个接口路径，而先前的执行模式则保持最后的DCO控制状态不变。ZPR机制用于归零鉴相器输出，以避免在模式转换时，导致振荡器调谐字中断。ZPR原理简单解释如下：在切换模式时，最后模式的调谐字对应一定值的相位误差。该调谐字不变，所以不再需要相位误差值维持其数值不变。然而，新模式总是引用上一个模式新建的中心频率。因此，它运算在多余的相位误差，而不是绝对的。因此，相位误差原有值对应最终模式的恒定调谐字，经常需要以新的相位误差值减去旧的相位误差值。这样，通过三个DCO运算模式，实现不断改进。

图4.5是相位检测机制的一个总体框图。相位检测基于三种信号：参考相位PHR（也称为$R_R[k]$），由参考相位累加器PR进行计算；分数误差校正PHF（也称为$\varepsilon[k]$），由分数误差校正电路（TDC和PF相结合）进行计算；以及一个采样可变相位校正PHV_SMP（也称为$R_V[k]$），由一个只有整数的可变相位累加器PV计算。通过适当的比特调整，将整数部分与分数部分进行排列，相位误差PHE可以

用下式进行算术计算（为了方便，这里重复式（4.16））：

$$\phi_E[k] = R_R[k] - R_V[k] + \varepsilon[k] \qquad (4.110)$$

图4.65调整了的参考相位累加器电路分别与图3.11和图3.12的PVT和获取位控制器结合，在模式改变时，以正确的值重启相位误差PHE。定序器模式控制信号（CTL_PLL_P或CTL_PLL_A）被图3.11和3.12中的振荡器PVT和获取控制电路分别监控。在正常运算期间，参考相位累加器执行以下运算：

$$R_R[k] = R_R[k-1] + N \qquad (4.111)$$

其中，$N \equiv \mathrm{FCW}$，$R_R[k-1]$表示之前的时钟周期值，$R_R[k]$表示当前的时钟周期值。模式终止实例中，ZPR（OP_ZPR或OA_ZPR）的一次指示在这些模块中被确定。这将形成从PR电路的归一积累运算的单周期偏差，在此期间，寄存器得出下列值：

$$R_R[k] = N + R_V[k-1] - \varepsilon[k-1] \qquad (4.112)$$

将式（4.112）代入式（4.110）可得：

$$\phi_E[k] = [N + R_V[k-1] - \varepsilon[k-1]] - R_V[k] + \varepsilon[k] \qquad (4.113)$$

$$= N - ([R_V[k] - R_V[k-1]] - [\varepsilon[k] - \varepsilon[k-1]]) \qquad (4.114)$$

等式两边同时使用期望算子可得：

$$\varepsilon\{\phi_E[k]\} = N - \varepsilon\{[R_V[k] - R_V[k-1]] - [\varepsilon[k] - \varepsilon[k-1]]\} \qquad (4.115)$$

$$= 0 \qquad (4.116)$$

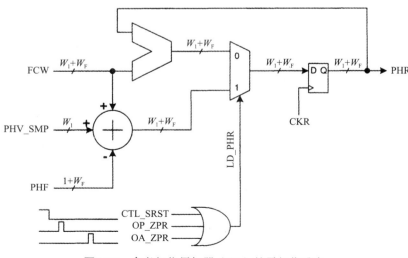

图4.65 参考相位累加器（PR）的零相位重启

这是因为可变相位变化的预期值（如$R_v[k]-R_v[k-1]$），经过调整以适应分数误差校正的变化后，等于N分频比。

为了更全面地理解零相位重启，在此再次参考图4.5或图4.30，相位误差被迫从一个接近零的非常小的值重新开始。任何偏离零都是由于TDC的噪声或非线性导致的。

额外使用ZPR机制，用以代替可变相位累加器的PV同步复位（活跃于CTL_SRST）。回顾图4.30，PV数字增量器以2.4 GHz的超高时钟频率运算，并且实现专门的异步或同步复位。因为参考相位和变量相位用模运算的方式运算，所以其电源恢复的绝对值不是问题，问题只是它们的差分，即相位误差被进一步传播。因此，在电源恢复时，执行零相位重启基本上完成同步复位的任务。

2. 执行仿真

图4.66所示的是零相位重启操作。该图由四个子图组成，揭示关键的ADPLL信号。排名前三的图形进一步分成了三个连续的运算模式：PVT、获取和追踪。x轴的时间单位是FREF时钟周期的计数。

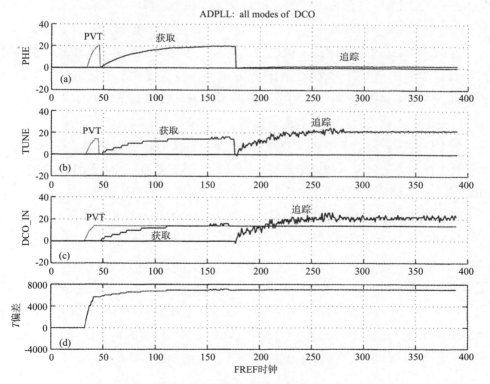

图4.66　零相位重启仿真图形

（1）"PHE"：各个运算模式中的相位误差ϕ_E。

（2）"TUNE"：振荡器调谐字（OTW）。在PVT模式和获取模式中，为整数值信号。在追踪模式中，是一个具有5个分数位的定点信号。

（3）"DCO_IN"：DCO输入。在追踪模式中，显示的信号是整数和分数部分合并后的一个FREF采样版本。因此，它似乎比上述OTW信号有更多的噪声。

（4）"T偏差"：以飞秒表示的DCO周期偏差与DCO频率偏差成正比（表2.1中，1 fs=5.77kHz）。

对于蓝牙案例，最初，环路按频道0（2402MHz）运算。大约在时间为40左右，输入一个对应频道40（2442MHz）的频率控制字的新值。环路首先在PVT模式下得到一个新的频率，环路增益为$\alpha_p=1/2^3$，此时频率调谐字为14。使用表2.2中的词目，这相当于约32.5 MHz的频率偏移。大约在时间为48时，通过执行第一个零相位重启，环路进入获取模式$\alpha_A=1/2^5$。相位误差20（印证了式（4.36）：$20 \times 1/2^3 = 13$ MHz = 32.5 MHz）立即下降为零而PVT变容二极管储存变为固定值（"DCO—IN"），获取储存变容器二极管开始计算剩余距离40 MHz−32.5 MHz=7.5 MHz。第二次ZPR发生在时间170（从获取向追踪转换期间），并且相位误差20骤然下降到零，此时，环路进入快速追踪模式$\alpha_{TA} = 1/2^5$。

在时间为280时，达到稳定状态后，锁相环过渡到常规的追踪模式，此时环路增益减少为$\alpha_T = 1/2^8$。减少后的环路宽带是一条更缓和、更稳定的DCO频率偏差曲线。在换挡转换期间，相位误差的瞬时值、频率调谐字和DCO周期保持不变，这表明了实现无中断运算的正确性。

图4.67进一步展示了ADPLL换挡运算，除了没有执行发射调制，在形式上类似于图3.18。图上部显示的是定点追踪调谐字，图下部显示的是相应的瞬时合并DCO输入。需要注意的是，在时间280，环路带宽进行的是连续切换。

图4.68展示了图4.61双换挡运算与图4.59的单换挡运算设置时间优势对比。图中以频率调谐字与时钟周期为例进行说明。从获取模式到追踪模式的跃迁发生的时间为500。这两幅图中，第一个换挡都出现在时间700。但是在双换挡（右图）中，带宽的变化仅为单换挡中（左图）带宽变化的一半。第二次换挡（仅右图）出现在时间900。在时间为1000时，通过频率调谐字的斜率，就可以看出双换挡中体现出来的性能的改进。右图中，频率调谐字曲线的斜率相对平稳，而在左图中，在1200个时钟周期前，其曲线的倾斜度仍明显。

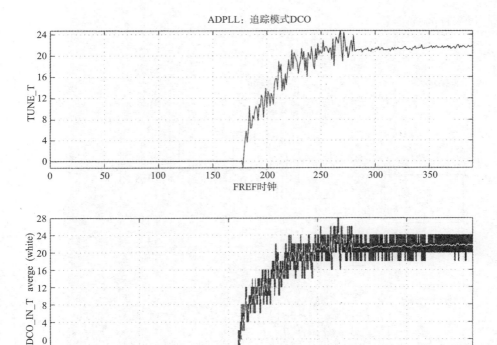

图4.67 仿真图形验证换挡的正确性

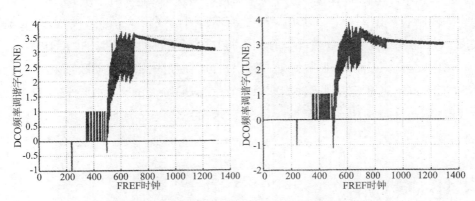

图4.68 仿真图形验证单换挡（左）和双换挡（右）

4.17 沿跳变抖动方案（选项）

图4.69显示了整个时钟沿跳变方法。基本概念有两层：一是将它应用到振荡器，解耦调谐字计算；二是执行一个完整周期的时钟沿跳变过程，以避免处理高

频过采样时钟。

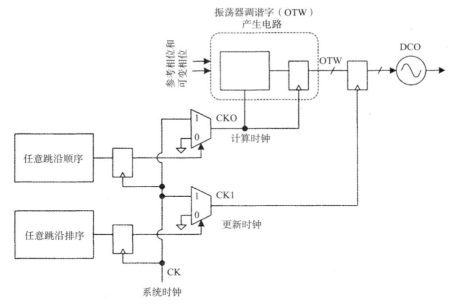

图4.69 全周期的时钟沿跳变的时间抖动

比较好的情况是，这两个信号发生器彼此耦合，这样只有在计算时钟沿被阻隔时，更新时钟沿才能通过。这将确保更新DCO频率远离数字逻辑的活动。

如果硅芯片包含一个微处理器和一个DSP，且这两者均在同一衬底，通常现代RF收发器就会出现这种情况，有利于将它与时间抖动更新时钟CKU进行同步计时。由此可以获得两个明显好处：第一，可以通过紧密的定期联系来耦合数字基带与RF部分，随机调制时钟周期以防止底层噪声；第二，如果处理器时钟对合成器更新时钟显示足够的延迟，那么在DSP的"静态"周期中，就会发生相位检测和调谐字调整运算。

4.18 总 结

本章提出了一种基于全数字锁相环（ADPLL）的频率合成器，此频率合成器依据第3章中描述的归一化DCO构建。同时展示了一个全新的相位校正机制，在nDCO附近关闭环路，以便通过参考频率，对振荡器的相位和频率漂移进行校正。本章中也描述了参考频率重定时操作，以此随机避免亚稳定性。图4.30中所示的是ADPLL框图，它只包含两个非理想的参数，这些参数的确切值未知，可能产生失真和噪声：DCO增益K_{DCO}和时数转换器分辨率Δt_{res}。系统的其余部分准确，且完全不受任何时域或幅域的不确定性以及扰动的影响。因此，这种架构具有明显的优势，性能甚至超过传统的RF合成器，同时消耗更少功率，占用更小面积，并且能够使用数字基带进行集成。

第5章 基于全数字锁相环的发射机

第4章中描述的合成器能够通过反馈到参考相位累加器的频率控制字（FCW），运用便捷实用的方法对振荡频率进行数字控制。通过不断改变调制数据，获取合成器RF输出的频率或相位（在通信理论中通常称为angle）调制，从而很容易实现FCW定点字的不断增加。本章增加了必要的机制来实现这一目标。

参考文献［19］提出了一个两点直接调制方案，该方案通过数字集成调制传输的数据位并利用积分器的输出改变基准时钟信号的相位来执行PLL相位补偿功能，与此同时，高斯滤波数据直接调制VCO振荡器的频率。然而，这种方法本质上是完全模拟的，因此需要VCO以及移相器精确的组件匹配。参考文献［20］中提出另一个前馈补偿理论，该理论也要求对VCO传递函数以及其他模拟电路有精确的了解，它运用DSP计算VCO的逆传递函数，其数值通过实验测量获取，接着利用DAC将VCO控制电压预调谐至目标偏移。尽管较大的频移能够在VCO准确性范围内迅速执行，但是仍然需要通过频率偏置来解决狭窄PLL带宽的问题。此架构还有另一个主要困难，即由于工艺和环境的变化引起VCO增益变化。与之不同，本章描述的解决方案在本质上是数字的，它消耗较少硬件，只需要一个组件匹配（如DCO），可用具有高分辨率的数字方式准时生产（Just in time）实现。直接频率调制和RF振荡器的传递函数校准这两个新方法，可以避免上述问题。这些方法可以运用于不需考虑任何规格的数字密集型合成器架构。

本章还将介绍另外两个构建模块：一个脉冲整形滤波器（5.3节）以及具有一定数字调幅（5.5节）的功率放大器（5.4节）。尽管这两个模块并非本书的重点，但是它们包含了有益的新理念。此外，将这些模块应用于已经具备直接调频功能的数字RF合成器中，能够完成整个PF收发器的发射机部分，使得无线数字通信成为可能。本书描述的RF合成器的用途因此得以验证。

5.1 DCO直接频率调制

适当地加入按比例缩放的调制数据 $y[k] = FCW_{data}[k]$ 到准静态的频率控制

字FCW$_{channel}$，可以对振荡频率进行动态控制，参考相位累加器输入常用于信道选择：

$$\text{FCW}[k] = \text{FCW}_{channel}[k] + \text{FCW}_{data}[k] \quad\quad (5.1)$$

其中，k为FREF设定的离散时间系数。

图1.7描绘了该理念，其中显示了直接数字频率合成器（DDFS）的前端累加器级，该累加器与ADPLL架构的参考相位累加器相同。最初在4.1节中，FCW被定义为目标合成器输出与参考频率的预期瞬时分频比，这里，引入了调制数据，对FCW进行重定义：

$$\text{FCW}[k] = \frac{\varepsilon(f_{V}[k])}{f_{R}} \quad\quad (5.2)$$

一般来说，对RF合成器中的PLL进行直接频率调制或相位传输调制是一项颇具挑战性的任务。为了减弱参考杂散和相位噪声，PLL通常保持较低的带宽。在调制数据率不远小于环路带宽[29、30]的情况下，这能够有效地防止闭环调制的使用。然而，与镜像抑制正交调制器相比，DCO频率的直接闭环调制仍然是一个更具成本效益的解决方案。

5.1.1　离散时间频率调制

在这里，发射机能够利用任何参考时钟进行运算，只要它在每个符号周期都能生成足够数量（蓝牙中通常≥6）的样本，从而满足奈奎斯特标准并充分减弱离散时间信号频谱复制。在此全离散时间设计中，唯一重要的滤波器电路是RF振荡器，由于其频率/相位转换，它可以产生6dB/octave的衰减。因为任何无线终端通常会有一些可用的参考时钟，如在主机蜂窝系统中，晶体振荡器时钟可用作范围在8~40MHz的参考频率，所以可省去实现另一个振荡器所需的额外成本。

离散时间调制信号的频谱副本出现在DCO输入的每一个采样率频率f_{R}，如图5.1所示，它们是由于DCO输入的零阶保持器，通过sinc^{2}函数的乘法而被衰减。通过振荡器$1/s$的运算，频谱$S_f(\omega)$副本进一步以6 dB/octave衰减，最终以RF输出相位谱 $S_\phi(\omega)$ 显示。如果采样率足够高，副本可以得到充分衰减，使得RF信号与常规发射机在基带中产生具有连续时间滤波的信号无法区分。

5.1.2　预测/闭合锁相环运算结合

锁相环运算可以通过利用全数字锁相环环路的预测能力得到显著增强。该理念如下：DCO振荡器不必遵循具有常规PLL响应的调制FCW指令。在这个全数字实现中，DCO控制和产生的相位误差测量用数值格式表示，因此只需通过观察DCO或nDCO校正之前的相位误差响应，便可以轻易预测当前振荡器K_{DCO}增益。有了对K_{DCO}增益的准确预估，可以通过预测新的FCW指令的"开环"瞬时跳频来增强常规的DCO控制。由此产生的相位误差应该非常小并且服从于正常的闭合锁相环校跃迁。

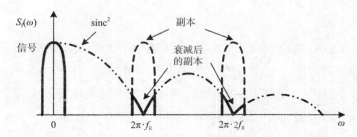

图5.1 调制信号的频谱复制及其通过零阶保持器的滤波，从$S_r(\omega)$到$S_\phi(\omega)$由 DCO 提供额外6dB/octave滤波（引自参考文献［83］，©2005 IEEE.）

由于I型PLL环路的时间响应非常迅速（不到几微秒时间内），对于信道跳频，预测特性不重要，因此时间便更加充裕。然而，在蓝牙或GSM[1]的高斯频移键（GFSK）调制方案以及802.11 b或宽带CDMA的芯片相位调制中，实现直接频率合成器调制尤为重要。

1. 运用PLL补偿的直接振荡器调制

主要的思想是通过前馈的方式直接调制DCO频率，从而有效地从调制发射机的路径消除环路动态。然而，环路的其余部分，包括所有误差源，均在正常的闭环形式下运算。图5.2展示了这个概念。

调制数据$y[k]$通过开环频率脉冲响应函数直接影响振荡器频率：

$$h_{dir}^f[0] = \frac{1}{\alpha}\alpha\frac{f_R}{\widehat{K}_{DCO}}K_{DCO} = f_R\frac{K_{DCO}}{\widehat{K}_{DCO}} = f_R r \tag{5.3}$$

其单位为Hz/LSB。根据3.3节中定义可知，无量纲比$r = K_{DCO}/\hat{K}_{DCO}$用于测量DCO增益的精确度，当$r=1$时则表明DCO增益非常精确。

可惜的是，在更新周期$1/f_R$，PLL会试图校正这种感知频率微扰。其下一个周期的开环相位脉冲响应函数（从上层$y[k]$反馈至$R_V[k]$积分电路输出）是

$$h_{dir}[1] = f_R\frac{K_{DCO}}{\widehat{K}_{DCO}}\frac{1}{f_R} = \frac{K_{DCO}}{\widehat{K}_{DCO}} = r \tag{5.4}$$

1）GSM实际使用高斯最小移键控（GMSK），是GFSK的一个特例。

单位为cycles/LSB。如果DCO增益预估$\hat{K}_{\text{DCO}}$精确，那么$h_{\text{dir}}[1]=1$。

只具备前馈的闭环PLL的传输特性为高通。$y[k]$数据的低频组件将在可变累加器中集成，因而影响了振荡器频率的基准。因此，需要添加一个相位补偿电路$R_{\text{Y}}[k]$，若DCO增益可被正确地预估，那么就可以完全消除上层$y[k]$直接调制反馈到PLL的相位影响。下一个周期的相位补偿开环脉冲响应函数（从下层$y[k]$反馈到$R_{\text{Y}}[k]$累加器输出）为：

$$h_{\text{comp}}[1] = 1 \tag{5.5}$$

单位为cycles/LSB。因此，在式（5.4）中（如$r=1$），若$\hat{K}_{\text{DCO}} = K_{\text{DCO}}$，则环路将被完全补偿（$h_{\text{dir}}[1] = h_{\text{comp}}[1]$）且前馈调制也会十分精确。但是在匹配不精确的情况下，残差$r-1$必须经受具有以下s域传输函数的普通高通环路响应，该s域传输函数在$(\alpha/2\pi)f_{\text{R}}$(Hz)有一个单极：

$$H(s) = \frac{r-1}{1 + \alpha(f_{\text{R}}/s)} \tag{5.6}$$

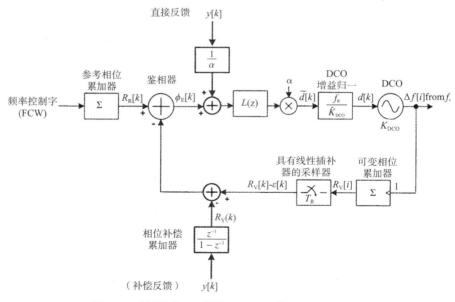

图5.2 采用简单PLL补偿方式的振荡器直接调制原理

DCO传输函数的精确预测使得DCO频率控制$h_{\text{dir}}^f[k]$及时又迅速，DCO频率控制与PLL响应$h_{\text{dir}}[k]$（式（5.4））中的相位补偿$h_{\text{comp}}[k]$（式（5.5））相结合。

上述分析本质上属于定性分析，意在寻求逐周期地消除直接项和补偿项。在

DCO增益估算产生误差（即$r \neq 1$）的情况下，对环路反应进行了更为详细的分析，如下所述。

在PLL输出中，从调制数据$y[k]$的反馈到频率偏差Δf，z域传递函数为

$$H(z) = \left[1 + \alpha L(z) \frac{1}{z-1} \right] \frac{r f_R}{1 + r\alpha L(z) [1/(z-1)]} \tag{5.7}$$

式（5.7）可简化为：

$$H(z) = r f_R \frac{z - [1 - \alpha L(z)]}{z - [1 - r\alpha L(z)]} \tag{5.8}$$

如图5.3所示，PLL的一个极点在$1 - r\alpha L(z)$上，一个零点在$1 - \alpha L(z)$上。直流增益总是统一，这可以很容易地通过检查看出：

$$H(z)|_{z=1} = f_R$$

为了简化分析，假定$L(z)=1$，高频增益为：

$$H(z)|_{z=-1} = r f_R \frac{-2 + \alpha}{-2 + \alpha r}$$

当假定实际近似值$\alpha \ll 1$时，能够简化为：

$$H(z)|_{z=-1} \approx r f_R \tag{5.9}$$

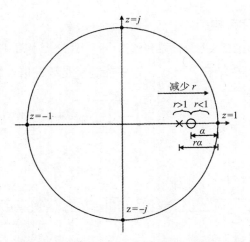

图5.3 DCO增益的估算精度r变化情况下$H(z)$零点和极点运动的复平面位置，其中环路滤波器的$L(z)$的传递函数是统一全通的

图5.4表示直接调制传递函数$H(f)$在K_{DCO}预估r的各种不同情况，当预估值$r=1$时，估算正确；当K_{DOC}低估时，$r>1$；当K_{DCO}高估时，$r<1$。在K_{DCO}预

估不正确时，所述传递函数不是稍微高通就是稍微低通，这是分别由线性频率（hertz）为 $r\alpha f_R/2\pi$ 和 $\alpha f_R/2\pi$ 的单极点与单零点位置决定的。零点位置恰好与参考噪声或者没有前馈 $y[k]$ 加入调制数据的PLL相位传递函数的环路带宽 f_{BW} 相同。前馈 $y[k]$ 路径可以简单地认为是在极点的附近设置一个补偿零点（同样参照图5.3）。只有该DCO增益预估正确时，极点和零点才会重合，PLL的直接频率调制显示出真正的宽带全通传递特性，达到采样频率 f_R 的一半。随着13MHz的参考频率广泛使用于GSM手机中，这个调制方法的带宽适用于所有中低等速率的通信系统。

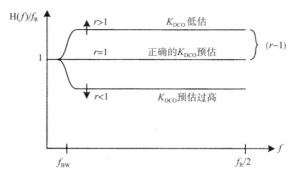

图5.4 DCO增益预估值 r 不同的情况下的直接调制传递函数 $H(f)$，其中 $f=(z-1)f_R/2\pi$，单位为Hz。

2. 改良的全数字架构

图5.5所示的是比图5.2更为简洁的变形图，图5.5将相位补偿累加器 $R_y[k]$ 与参考相位累加器的 $R_R[k]$ 相结合。现在，频率控制字是频道信号和数据信号的总和。

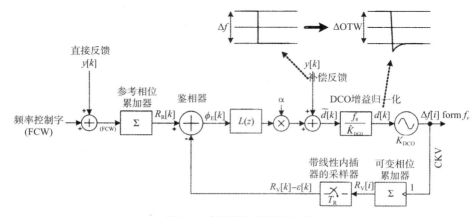

图5.5 直接振荡器调制架构

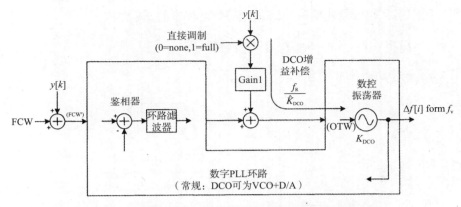

图5.6　一般的数字PLL架构中的PLL补偿振荡器调制方式

3. 广义结构

这种直接调制振荡器与PLL补偿方案最适合实现数字化模式，因为这几乎可以实现完美的补偿。另外，虽然这种方法具有局限性，但是将这一方法运用到常规的模拟型PLL结构工作中是可以实现的，如参考文献［19］所示。这个理论同样能运用在高阶数字密集型PLL中。

图5.6所示的是怎样将具有图5.5的PLL补偿方案的直接振荡器调制用于一般的数字PLL结构中。传统的数字PLL可能包括一个VCO、频率预定标器、分频器、鉴相器、环路滤波器和一个数模转换器，这些组件使得数字PLL能够通过一个数字字对振荡频率进行控制。将调制数据$y[k]$动态地添加到信道频率信息，来影响振荡器输出$f_{RF}=f_v$的频率或者相位。例如，可以通过控制小数分频PLL环路的分频比来实现。直接调制结构可插入环路滤波器和振荡器之间的特定位置。如果$y[k]$表示为无单位的小数分频比，那么从$y[k]$到振荡器输入的直接调制路径的增益应该是$f_R/\hat{K}_{DCO}$。

5.1.3　FREF/ CKR时钟偏差影响

上述分析中，假定条件是DCO控制字的应用程序实例与可变相位采样操作一致。换句话说，$\Delta f[k]$频率偏差将被整合在$T_R=1/f_R$参考周期内。在采样周期结束时，将会读出$\Delta T_{DEV}[k] = \Delta f[k]T_R$的集成超量时间偏差，并且将会应用一个全新的$\Delta f[k + 1]$频率偏差。

然而在实践中，两个操作之间存在着自然错位。可变相位采样在FREF沿执行，而控制字应用程序在FREF重定时（CKR）沿执行。如在图4.24所示那样，CKR的转变总是晚于FREF。因此，如图5.7所示，前面的间隔对超量相位的集成起到一定作用，这可以建模为当前和先前数据样本的加权和：

$$\Delta T \mathrm{DEV}[k] = (1 - a)\Delta f[k] + a\Delta f[k - 1] \tag{5.10}$$

其中，a是一个重叠的相对量。

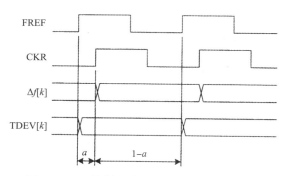

图5.7 DCO控制字应用和可变相位采样实例

为了确保补偿工作的正确进行，必须在参考相位累加器中使用相似的加权因素，由此可得：

$$y'[k] = (1 - a)y[k] + ay[k - 1] \tag{5.11}$$

其中，$y'[k]$是在补偿反馈数据调整中的第k个样本。

5.2 即时DCO增益计算

如在3.2节中所定义，在一个无线发射机的每个数据包的起始位置，DCO增益预估$\hat{K}_{\mathrm{DCO}}$都能即时轻易计算出来[58]。如果这个增益预估正确，该频率合成器就能够在瞬间改变频率。正如4.15节所提及，可以通过强迫振荡频率偏差Δf_{v}与振荡器控制字ΔOTW观察到的稳态变化之比，估算DCO增益：

$$\widehat{K}_{\mathrm{DCO}}(f_{\mathrm{v}}) = \frac{\Delta f_{\mathrm{v}}}{\Delta \mathrm{OTW}} \tag{5.12}$$

$\hat{K}_{\mathrm{DCO}}(f_{\mathrm{v}})$实际用作DCO增益归一化倍增器的分母：

$$\frac{f_{\mathrm{R}}}{\widehat{K}_{\mathrm{DCO}}(f_{\mathrm{v}})} = \frac{f_{\mathrm{R}}}{\Delta f_{\mathrm{v}}}\Delta \mathrm{OTW} \tag{5.13}$$

这种操作应用是相当有优势的，因为分子中的OTW为未知数，而强制Δf_{v}的倒数是已知的，且可以轻易预先计算出来，这样应该就可以避免使用分频器。

依据图6.12所示，在PLL操作的快速追踪结束、定期追踪开始的时候，突然出现频率跳变，这标志着合适的发射调制模式的开始。这种$\Delta f_{\max}$的频率跳变与频率偏差的最大负值对应，一个数据位的值为0（对应符号"–1.0"）且等于

$$\Delta f_{\max} = \frac{m}{2}R \qquad (5.14)$$

其中，m是GFSK的调制指数，而R是数据速率（蓝牙中，$m=0.32$，$R=1$ Mb／s，可得出$\Delta f_{\max}=160$kHz；对于GSM，$m=0.5$，$R=270.833$ kb/s时，可得$\Delta f_{\max}=67.708$ kHz）。由于频率跳变受频率控制字（FCW_DT）的调制数据部分的控制，因此需要观察控制字的稳定状态，从而确定DCO增益：

$$\widehat{K}_{\mathrm{DCO}} = \frac{\Delta f_{\max}}{\Delta \mathrm{OTW}_{\max}} \qquad (5.15)$$

如果K_{DCO}增益在从一开始就预估正确无误，那么精确的频率偏移将能一步完成，如图5.8所示。但是，如果从一开始K_{DCO}就预估不准确，那么第一次频率转移将会偏移目标。

$$\frac{K_{\mathrm{DCO}}}{\widehat{K}_{\mathrm{DCO}}} - 1 = r - 1$$

而且，需要通过常规的PLL动态，历经许多时钟周期来校正预估误差。优选快速追踪模式，并运用式（5.6）中的传递函数，随后可以简单通过计算$\Delta f_{\max}$与振荡器控制字之差的比计算出K_{DCO}增益。为了减少测量偏差，需要求调谐输入在过渡前后的平均值，如图5.8所示。

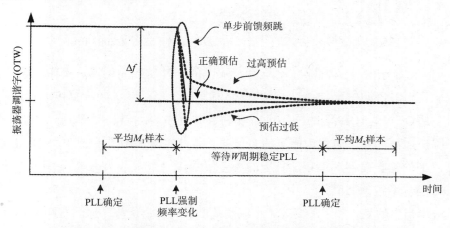

图5.8 通过测量调谐字在响应固定频跳中的改变估算DCO增益
（摘自参考文献［58］，©2003 IEEE.）

图5.9所示的是DCO增益计算流程图。在获取所需的频率后，对振荡器频率调谐字OTW的M_1样本取平均值，其结果存储为OTW$_1$。此后，取一个合适的频率

变化Δf，然后等待系统W时钟周期确定PLL。然后取OTW的M_2的样品平均值，把结果存储为OTW_2。最后，计算DCO增益估算$\hat{K}_{DCO}$或者归一化增益$f_R/\hat{K}_{DCO}$。

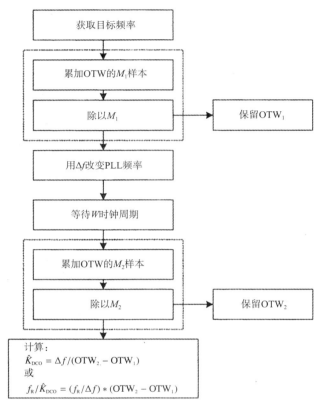

图5.9　DCO增益估算流程图（摘自参考文献［58］，©2003 IEEE.）

图5.10显示的是DCO标准化增益$f_R/\hat{K}_{DCO}$的硬件实现的估算。操作开始之初，通过确定SRST控制信号，将所有的存储器元件（寄存器）同步复位。在适当的时机，将OTW的M_1和M_2的样品进行求和，并且由累加器1和累加器2分别存储。由于除法运算如今已简化为简单的右位移，因此将M_1和M_2限制到2的整数幂非常方便。平均的振荡器调谐字ΔOTW的相差值乘以一个常数$f_R = \Delta f$，就可以得出DCO标准化增益预估值。

应当指出的是，频率跳变等于全调制范围具有一定优势。原因有两个：第一，在现有的发射机调制电路中能够减少频跳选择的硬件用量；第二，必须提供最准确的预估值对预期操作范围附近的本地增益值进行测量。为了提高进一步预估值的准确性，需要执行覆盖整个数据调制范围$2\Delta f_{max}$的较大频率阶跃。此外应当注意的是，该算法也适用于使用现有的DSP或者微控制器的硬件和软件的组合中。

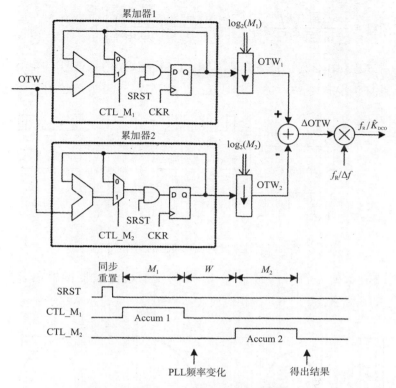

图5.10　DCO归一化增益预估的硬件实现

5.3　GFSK脉冲整形

　　如在1.2.3节中所提及的，在发射到无线信道之前，有必要执行一个发送符号的脉冲整形操作，用来限制被调制的RF频谱所占用的带宽。图1.18所示的是选择用于实现蓝牙发射机的发射机架构，以执行GFSK调制。本节将讨论图1.18的前两个部分：位编码器和发射脉冲整形滤波器$h(t)$。

　　如图5.11所示，脉冲整形操作的理念完全是在数字域中演示的，在附录B中有数学表达式进行解释。运用操作频率为13MHz的参考时钟对输入的二进制数据进行过采样，该参考时钟（FREF）由晶体振荡器产生，它是1 Mbps的数据（或者符号）率的整数倍数。过采样时钟也被称为基带时钟。在GFSK系统中，数据位{0,1}和符号{−1,+1}之间存在着一对一的对应关系，0→1还有1→+1。基于这个原因，编码执行采用隐式转换。

　　在离散时域，高斯滤波器的脉冲响应$h[k]$可表示为：

$$h[k] = \frac{\sqrt{2\pi}}{\sqrt{\ln(2)}} \frac{BT_s}{T_s} \exp\left[-\left(\frac{\sqrt{2}\pi}{\sqrt{\ln(2)}} BT_s \frac{k}{OSR}\right)^2\right] \qquad (5.16)$$

其中，B是3dB带宽；T_s是符号周期；$OSR = f_R(1/T_s)$是符号与参考时钟的过采样比。蓝牙情况下，$BT_s = 0.5$，$T_s = 1\mu s$；GSM情况下，$BT_s = 0.3$，$T_s = 3.692\mu s$。

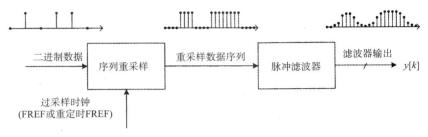

图5.11 数字发射机滤波器的工作原理

图5.12所示的是符号的过采样比为8的发射机滤波器的输出，数据序列"101110"的初始状态与"0"位相对应。

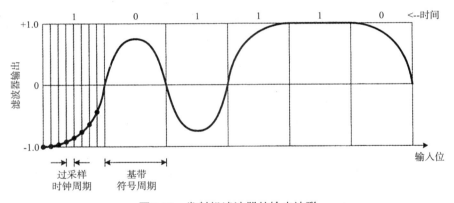

图5.12 发射机滤波器的输出波形

+1和-1滤波器的输出电平相当于发射机RF输出中的峰值频率偏差为160kHz。

$$\Delta f_{pk} = \frac{m}{2} \frac{1}{T_s} \qquad (5.17)$$

其中，m是调制指数；T_s是符号周期。蓝牙情况下，$m = 0.32$（标准值），$T_s = 1\mu s$，$\Delta f_{pk} = 160kHz$；GSM情况下，$m = 0.5$，$T_s = 3.6923\mu s$，$\Delta f_{pk} = 67.708Hz$。

如图5.11所示，维持脉冲整形正确操作的效率很低，它仿佛只是一个简单的FIR滤波器。也就是说，$h[k]$有一些属性可以大大降低实施操作过程的复杂性。第一，输入的数据不是一个固定的点数，而是1bit信号；第二，输入的数据是紧密相关的，由于过采样，符号周期内的所有位数都是相同的；第三，系数是固定的。根据上述观察结果，能够将实际的h[k]滤波器用作3bit状态查询表，该查询表可以用于选择累积系数C[k]（或者其变形）：

$$C[k] = \sum_{l=0}^{k-1} h[l] \tag{5.18}$$

其中，$C[0] = 0, C[k]$可以预先计算好并且保存在查询表中，指数$k = 0 \cdots N - 1$。2的整数幂$N = 64$即为轨迹样本的保存数。

该状态基于现有的和先前的两个符号（由于较高的ISI，GSM需要更多的符号）——它改变每个符号时钟而且产生八个可能的组合。每个状态都预先计算数据样本，并且存储在一个查询表中。在符号存续期间，数据样本在FREF时钟内读出。根据下文可知，产生了大量的数据冗余，如对称性、两种状态的常数值等。因此，对于存储的要求非常宽松。事实上，只有一种状态以类ROM的方式存储，其他的状态均在启动时自动计算。

图5.13是数字发射机滤波器实现方案的框图。它由一个搜索（SRCH）、相位计算（PH）、状态跟踪（STATE）和实际滤波器系数存储（FLT）子块构成。搜索电路始于有效的"搜索启动"控制线，以及低电平中的数字基带数据位输入。然后在数据输入线等待起始位序列"010"，表示所发送的比特流开始。当第一位到达时，该电路可以确定脉冲和重定时频率参考（CKR）时钟粒度所在位置。初始中脉冲位置用于对所有的后续比特进行重采样。比特流源于数字基带，虽然作为发射机，具有任意相移，但都是使用相同的FREF时钟。因此，一旦确定，脉冲的中部会影响整个数据包的持续时长。

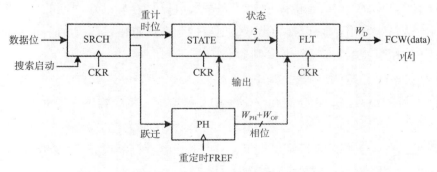

图5.13 发射机滤波器的顶层结构

"010"起始比特序列的检测触发相位计算电路（在数据转换中，发现确立的同步信号），记录关于每个时钟CKR在符号边界的相对位置。状态跟踪（STATE）是一个简单的移位寄存器，记录先前的2bit，该2bit与当前的位相结合共同确定滤波器存储子块的状态。滤波器与存储子块一起，通过查询表的方式，获取状态信息和相位，以此产生输出FCW（数据）。输出的数据符合频率控制字（FCW）符号，其中整数部分的LSB比特对应于参考频率。滤波后的数据输出作[k]输入信号反馈到频率调制器，如图5.5所示。

图5.14所示的是基于现有的符号DT[0]以及先前的两个符号值DT[−1]和DT[−2]的不同切换状态的曲线。图5.14是图5.12更进一步的说明。每个状态的候选曲线二选一：输入位0和输入位1。在左图，初始状态是"00"（状态格式："DT[−2]DT[−1]"）；在右图，初始状态是"11"。这两种状态下的输出曲线相同，但是关于横坐标对称。横向和纵向的对称性具有冗余性，这样可以缓解曲线存储压力。

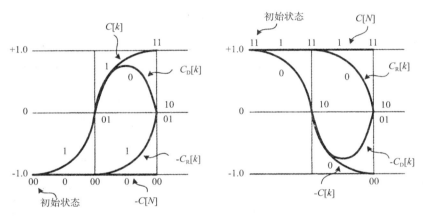

图5.14 基于先前符号值的各种状态之间转换的曲线图（摘自参考文献［83］，©2005 IEEE.）

如表5.1所示，在状态电路中，状态字段可以很容易确定当前的输出曲线。从基本的状态"011"，可以推导出其他所有的状态，越往右，产生时间越晚。关联曲线C，在附录B中被定义为累积系数C[k]。

曲线C[k]是指数为k函数，其中$0 \leqslant k \leqslant N-1$，N表示过采样比或CKR时钟周期内各符号的整数倍。它存储在一个滤波存储器中，每个样本占据8bit。从C[k]点，可以推导出其他所有曲线的数据点。曲线C[N]是常数累积系数的最大值的简写符号，对应于最大频率偏差。在这一点上，由于斜率和增量的影响是非常小的，所以它的值约等于或者略大于C[N−1]。

表5.1 发射机滤波器输出曲线

DT[−2]	DT[−1]	DT[0]	曲 线	系数设置操作
0	0	0	−C[N]	最大负值

续表

DT[-2]	DT[-1]	DT[0]	曲　线	系数设置操作
0	0	1	$-C_R[k]$	最大负值
0	1	0	$C_D[k]$	负值逆序系数
0	1	1	$C[k]$	双位系数
1	0	0	$-C[k]$	系数基本设置
1	0	1	$-C_D[k]$	负值系数基本设置
1	1	0	$C_R[k]$	负值双位系数
1	1	1	$C[N]$	逆序系数

逆序系数 $C_R[k]$ 的计算公式如下：

$$C_R[k] = C[N-k] \tag{5.19}$$

如上文所定义，$C[N]$ 是累积系数的最大值。双位（对应于010数据）系数 $C_D[k]$ 具有最高ISI的量，计算公式为：

$$C_D[k] = C[k] + C[N-k] - C(N-1) \tag{5.20}$$

其余的曲线是这些曲线的数值上的否定。只有 $C[k]$ 系数存储是"常量"；其余的曲线在启动时才能通过算术组合进行逻辑计算。

如图5.15所示，所有可能的状态轨迹的演变都来自0的状态。期间在每一个符号段，曲线的选择是基于当前的符号位（0或者1）和2bits（2位）状态，取决于前两个符号。由于有四个状态和符号字母大小为2，所以一共会有8种不同的曲线。符号间干扰最大的波形是"101010…"模式，而停留在零输出的波形是"000000…"模式。

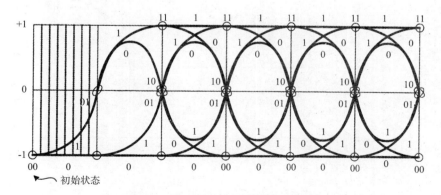

图5.15 GFSK发射机滤波器的网格图

上述滤波器GMSK（用于GSM）的应用仍然需要改进，主要是大幅提高ISI

在4个符号（见附录B）的传播，这需要添加两个存储位。

5.3.1 插值滤波器操作

图5.13所示的脉冲成形滤波器需要参考频率与符号数据率的整数比。大多数无线系统是建立在这种假设上，并且规定晶体振荡器必须是数据率的倍数。然而，如果允许使用任何晶体的频率基准，放宽这个限制，该架构可以变得非常轻便。为了满足Nyquist准则（奈奎斯特准则）和充分地减弱离散时间信号谱复制，这节中提到的内插值发射机滤波器体系结构，只要它能在每个符号周期内生成足够的样本（通常情况下，蓝牙≥6），就能够利用任何参考时钟工作。在这种全离散时间设计电路之中，最重要的滤波器是RF振荡器（射频振荡器）。由于频率/相位的转换，该RF振荡器会产生6 dB/octave的衰减。任何无线终端通常会有一些可用的参考时钟，例如晶体振荡器在频率范围为8～40MHz的主机移动系统中用作频率参考时钟，这样就可以避免系统在执行另一个振荡器的时候支付额外的费用。

通过参考频率的一个简单的小数分频，产生基带时钟脉冲形滤波，这可以节省面积和功耗，因为不需要为基带符号生成和数据调制创建一个低抖动时钟。当获取的参考频率不是符号速率（Symbol Rate）的整数倍时，这种优势极为明显。所述的发射机实现了没有显式的模拟滤波的操作。

图5.16阐释了发射机滤波器的输出过程。RF载波（射频载波）的频偏在传输

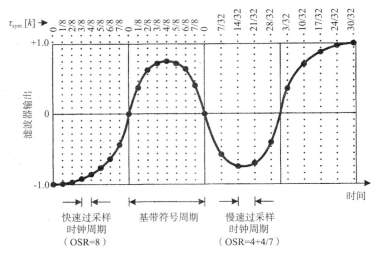

图5.16 包含四个符号的发射机滤波器的输出波形，OSR值在中间的变化

（摘自参考文献［83］，©2005 IEEE.）

过程中与滤波输出成正比，这样在蓝牙±160 kHz和GSM±67.71 kHz中，"+1.0"和"–1.0"电平就和峰值频率偏差相对应。四个符号中，过采样率从OSR=8变为OSR=$4\frac{4}{7}$=32/7。只要符合奈奎斯特准则并充分衰减信号频谱副本（图5.1），对于不同的采样值，接收器中的解调和滤波后的RF信号将难以区分。事实上，它和连续时间调制的波形没有明显区别，因为它具有非离散性质而不具备频谱副本。因为奈奎斯特准则不需要与源信号同步，样本也不需要与符号边界相吻合（例如，图5.16中符号3和4之间），所以非整数OSR能同样运转得很好。这一原理是差值脉冲整形滤波理论的基础，没有产生真正的基带符号时钟。

设$t[k]$是调制数据$y[k]$的第k个样本的时间戳（秒），则T_s归一化无量纲时间戳$\tau[k]$与设计中的可编程寄存器OSR成反比：

$$\tau[k] = \frac{t[k]}{T_s} = \sum_{l=1}^{k} \frac{1}{OSR} = \frac{k}{OSR} \tag{5.21}$$

也就是说，在图5.16连续时间的轨迹中，分数过采样率一般控制遍历速度。$\tau[k]$的无限增长需要一个新的变量：

$$\tau_{sym}[k] = \tau[k] - \lfloor\tau[k]\rfloor \tag{5.22}$$

其中，$\lfloor\cdot\rfloor$是"向下取整"运算符。$\tau_{sym}[k]$跟着T_s归一化从先前符号边界偏移，并且指示出符号内部的相对样本的位置。$\tau_{syms}[k]$是溢出累加器的输出，表示符号边界交叉。当然，累加器不能有任何残余误差，所以它一开始就必须与符号边界同步。

图5.17所示的是插值脉冲整形滤波器的操作图。在数据输入中对第一个符号转换的检测触发了符号偏移量计算电路（1/OSR累加器），它能够跟踪每个样本或者FREF时钟到符号边界的相对位置（例如式（5.22）中$\tau_{sym}[k]$的变量）。累加器的运转生成符号时钟。

三符号态存储器是一个简单的移位寄存器，用来确定预估系数查询表中二维多路复用器的纵向选取。每个状态的数据样本都预先计算好并且存储在查找表中。这些数据样本在符号持续时间内在重定时FREF时钟上读出。由于大量的数据冗余，如对称性、两个状态的常量值等，存储要求相当宽松。事实上，只有一种状态（即64阶响应$C[k]$系数包含一个符号）以类似ROM的方式进行存储，而其他的所有状态在启动时就会自动进行计算。通过累加器输出$\tau_{sym}[k]$的舍入运算，插值用于保持最近系数的零阶。在图5.29中，滤波器的输出作为输入信号$y[k]$反馈到频率合成器。

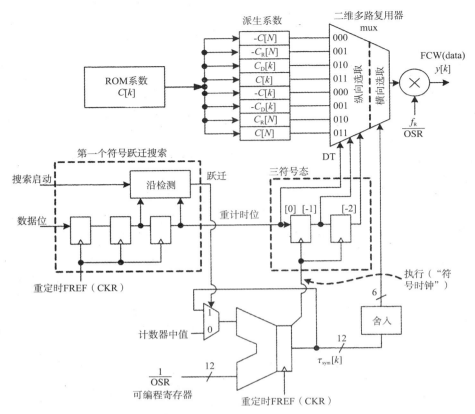

图5.17 插值发射机的脉冲整形滤波器（摘自参考文献［83］，©2005 IEEE.）

5.4 功率放大器

本节主要研究集成发射机路径上的最后一个阶段——功率放大器（PA）。蓝牙系统使用PA，目的是以一种有效的方式向天线传输几毫瓦的RF功率。在GSM系统中，该模块将起到前级功率放大器（前级PA或者PPA）的作用，向输出功率约为1W的外部PA传输几毫瓦的RF功率。

传统的功率放大器分为A、B、C、D、E和F六种[4]。A类、B类和C类都是经典型，因为它们的输入波形和输出波形都是正弦波。但是E型和F型没有这种波形，所以它们的操作具有更高的性能和效率。

E类是一种非线性放大器，在电源充足的情况下，效率可达100%，实践证明该类型最适合在低压环境中工作[85]。图5.18是理想状态下的示意图。晶体管M_1在这里用作开／关按钮。RFC（无线电频率扼流圈）是大型的外部电感器（通常约为100nH），在射频中充当一个双向电流源，并将交换机连接到电源电压

V_{DD}。C_1是与开关并联的电容，包括M_1的寄生电容。该C_2–L_1滤波器电路被调谐到输入频率的第一谐波，并且只向负载R_L传递正弦电流。

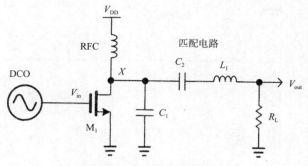

图5.18 E类功率放大器

C_1、C_2、L_1和R_L值的选择要保证V_X满足以下三个条件[4]：

（1）当关闭开关时，V_X长时间保持低压，使得漏电流有足够长的时间降至零。

（2）开关打开前，V_X需要达到零。

（3）当开关打开时，dV_X/dt需要接近零。

在这种情况下，几乎GHz频率范围内的应用设备中，负载电阻R_L均为50Ω。电感L_1为3nH。C_2是一个外部1.5pF电容。C_1是一个MTM的1.4pF电容。M_1晶体管是尺寸为$W/L=2.5/0.15$的32指条形NMOS结构。

期间，当开关闭合时，两端的电压为零。而当开关打开时，通过的电流也为零。因为电压和电流的开关不重叠，在理想情况下开关的功耗是零。当开关断开时，电流通过RFC分割出含C_1和R_L的分支。电容C_1开始充电并且慢慢产生可以跃过开关的电压。条件（1）很容易满足并且由C_1保证。没有C_1，V_{in}下降的同时，V_X可能上升，增加了M_1的功率损耗。当开关接通时，存储在C_1的所有电流将释放到地面，造成功率损耗。为了避免这种情况，该电路的设计必须满足条件（2）和（3），使M_1两端的电压为零，并且能保持一段时间。

在开关断开时，负载网络作为一个阻尼二阶系统有过阻尼、欠阻尼或者临界阻尼响应。如果网络的品质因数Q使得它临界阻尼，那么M_1的漏电压将和图5.19中的曲线V_X一致。这满足条件（2）和（3），但是如果网络响应欠阻尼，只有一个轻微的振动响应V_X，那条件（3）无法满足。如果网络响应过阻尼，在M_1打开时，V_X可能达不到零。应当指出的是，由于该放大器的反相性质，输入波形和输出波形移位了180°。

在上述理想情况，E类放大器的效率是100%。然而，在现实中，开关具有有限的导通电阻，从断态到通态或者通态到断态的切换次数不容忽略。这些因素在导致开关功率的损耗的同时也会降低效率[85]。

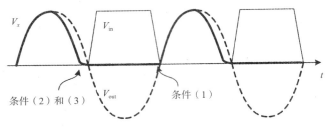

图5.19　E类PA（功率放大器）波形

E类功率放大器适用于目标架构，原因如下：

（1）E类功率放大器的低电压操作非常适合用于深亚微米CMOS。末级晶体管作为开关工作。不像在A类、B类和C类，在那里晶体管充当一个电流源，在任何时间控制V_{ds}的精确度要足够高，以避免进入三极管区域，而在这里V_{ds}可以任意低或者没必要控制。唯一的要求就是V_{gs}一定要比晶体管的阈值电压高，来打开晶体管。

（2）该晶体管开关的数字输入波形工作状态最好，尤其在急剧上升和下降时间内。与传统需要正弦输入的PA相比，这是在深亚微米的优势所在。DCO输出已经是数字格式。输入波形的占空比可以方便控制输出振幅和功率。

E类比F类更受欢迎。虽然F类与E类相似，但是它在晶体管有一个额外的滤波网络，会制造出高阻抗负载第二或者第三谐波，从而锐化沿。滤波网络需要一个额外的LC谐振电路，在深亚微米工艺中所占用的面积相当大。此外，F类放大器在实践中的工作效率一直都不如E类放大器[85]。

（3）功率效率在理论上是100%，但是据一贯报道，实践中只有80%~90%[85]。效率和输出功率不会大幅度降低。

因为针对蓝牙或者GSM（pre-PA）应用的输出功率只有几毫瓦，效率没有基本设计规格那么重要，对1.5V电源来说，这本身就是相当大的挑战。即使E类条件可能无法完全满足，在这种情况下操作带数字开关的功率放大器依然具有优势。

5.5　数字调幅

如5.4节所述，E类RF功率放大器的输出功率可以通过改变占空比或者它的

RF数字输入的脉冲宽度控制加以控制。脉冲宽度控制在RF周期内开关打开的时长，并因此控制多少能量转移到负载R_L。图5.20所示的理念用于RF幅度和功率控制传输。在实现的蓝牙测试芯片中，仅要求静态RF功率控制，这里通过RF波形幅值控制完成。当结合直接全数字相位的调制时，这种方法允许用于极坐标发射机寻址，例如，蓝牙的扩展数据率（EDR）、EDCE或者宽带CDMA（WCDMA）无线通信标准。

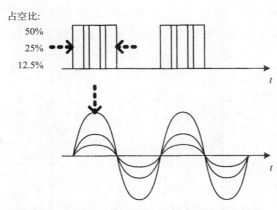

图5.20 通过E类PA输入的占空比控制输出功率

当此处所述的技术被引入的时候，在RF应用中还没有关于这种类型脉宽调制的使用报告。参考文献〔6〕指出，这种想法是"在移动电话的千兆赫的载波频率上相当无用，一旦载波频率难超过10MHz左右，很难使用脉宽调制"。这项工作表明，能够成功实现2.4GHz的操作，主要是由于现代深亚微米工艺中数字逻辑门的超快速度运算。

图5.21是使用数字脉冲压缩器方法的振幅调制实现范例。数字振荡器输出时钟CKV在AND门（与门）与它的延时副本相遇。延时路径可由逆变器或缓冲器的字符串构成，通过电流饥饿的机制或者可变电容负载控制延时。在实现中，通过选择可变功率电源电压控制延时。AND门输出连接到一个E类功率放大器输入PA_IN。根据两路径的相对时间延迟，可控制AND门输出的定时和占空比。占空比或者脉宽变化直接影响到打开PA数字开关的时间，从而建立RF输出振幅。振幅与脉宽是线性关系，十分狭窄的输入脉冲除外，因为这种狭窄的脉冲可能没有足够的能量安全打开开关。引用一个传统鉴相器常用的一个术语，这个非线性操作区域可以称之为死区（dead zone）。选择调制技术，可以在系统层面完全避免死区的出现，此调制技术保证信号包络某种最低水准。例如，GFSK和GMSK是恒包络调制方式。偏移8PSK是用于GSM-EDCE的调制技术，目的是让同相/正

交调制器与每一个符号旋转来避免回到原点。这些方法已长期用以提高功率放大器的效率，并促进饱和运算模式。

图5.21右下角的时序图显示的是，在超前和滞后输出沿，相对于延时路径的tdly值，具有不同行为的两个运算区。在第一个区域，输出的超前沿有穿过，但是滞后沿却没有。在第二个区域（虚线），发生反转运算。由于脉冲信号的位置由它中心决定，既不提供在振荡器中相位调制的正交性，也不提供振荡器脉冲压缩器电路的振幅调制的正交性。因此，相位调整必须随着幅值的变化而变化。实现这点并不难，因为在数字域中可以通过振荡器调谐字（OTW）操作实现相位控制。

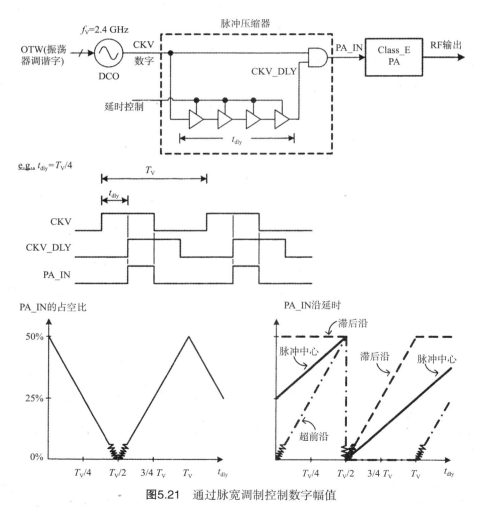

图5.21 通过脉宽调制控制数字幅值

为节省电力和减少由于延时路径上缓冲器或者反相器长链所造成的抖动，有时需要使用一个反相CKV_DLY信号，这相当于一个额外的半周期（$T_V/2$）的周期性移位。可以通过反馈被反相的CKV时钟输出的延时路径，或者对CKV_DLY信号本身进行反相实现这点。需要注意的是延时的最大所需量绝不会超过CKV时钟周期的一半。这点非常重要，因为负CKV（相反相位的CKV）周期可能总是会被反复使用。

5.5.1 离散脉冲压缩控制

图5.21所示并非全数字化，因为它需要一个延时控制信号，该信号本质为模拟电压。它可以通过如下数字操作实现：通过在延时路径增加或者减少一些反相器或者缓冲器来实现对延时粗调的控制。而更精细的延时控制可以通过选择延时线的抽头实施。

图5.22是四个缓冲延时阶段的延时路径的示例图。缓冲延时在每个阶段可能都是相同的。在这种情况下，将产生五个可能的延时值（从0到4）。这时安排一个缓冲延时的二进制加权是一个更好的解决方案。这种情况下将产生16个可能的延时值（从0到15），其中不包括固定复用器延时。"有效"的延时公式为：

$$t_{dly} = \sum_{j=0}^{N-1} d_j t_{d,0} \cdot 2^j = t_{d,0} \sum_{j=0}^{N-1} d_j \cdot 2^j \tag{5.23}$$

其中，N（这里为4）是二进制加权级数，d_j为第j个控制字位，而$T_{d,0}$是权系数2^0的基本要素延时，每下一级包含两倍的延时量，这可以方便实现反相器或者缓冲器的数目翻倍。

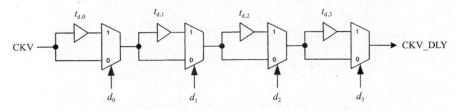

图5.22 延时路径的离散延时控制

为避免改变延时控制字，信号传播时仍然需要保持延时控制字与CKV时钟同步。可以运用一种类似图3.2所示的DCO同步采样以及定时调整的方法。

图5.22所示的延时缓冲装置优于横向延时线结构，其中大型多路器会选择同一延时线的不同抽头。如图5.23所示，该延时线包括一组反相器或者缓冲器。这主要是由于面临建造一个更大更快且具有不同输入的均衡延时的多路器的困难产生的。

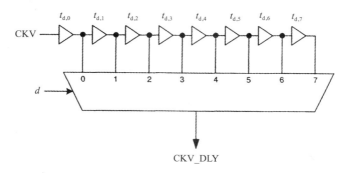

图5.23 具有多路复用器的延时路径的离散延时控制

　　另一种方法就是增加一个低于有效延时分辨率的单变频器/单缓冲器，以远高于符号率的速率动态地改变变频器的数量。因此，如图1.21所示，可运用分数分辨率控制变频器个数的平均时间延迟值，从而得出小数分频比。在此再次指出，由于ΣΔ数字抖动具有噪声整形性能，因此ΣΔ数字抖动流是一个不错的选择。在这里应该指出的是二进制加权延时控制在高速抖动状态下无法很好运行。然而，延时路径可以串联到经历过抖动的低速率二进制加权结构以及高速率单元加权结构中。对于此类具备高速延时抖动DLY1和低速延时选择DLY2的实现，如图5.24所示。DIV1和DIV2是CKV时钟沿分频器，且可以作为2的整数幂实现。

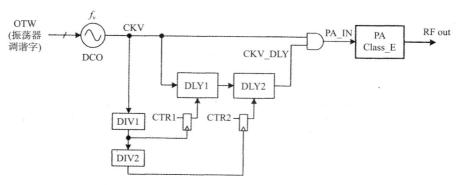

图5.24 具有额外高速抖动的PWM的离散延时

5.5.2 发射功率调节

　　动态振幅调制方法可用最简单的形式静态地调节E类功率放大器的输出功率。动态振幅调制方法可以以一种非常有效的方式补充足够的能量到PA和每一个振荡周期，达到预期的输出幅度或者功率。这就是所述蓝牙发射机脉冲中宽度调制的主要应用，并不需要动态调幅。然而，有些其他应用程序也会需要动态振幅控制，需要继续深入研究。例如，蓝牙扩展数据率（EDR），802.11b和EDGE。

5.5.3 调谐字的调整

　　QAM调制的极坐标表示最早在图 1.17有简要介绍。振幅调制技术，如5.5节所提及的脉冲压缩方法，并不总是会导致控制与相位调制和频率调制完全正交。为了补偿非预期但已知相位的扰动信号，可以对相位调制进行适当的数字校正。

　　图5.25是上述实现的框图。由于相位是频率的积分，

$$\phi(t) = 2\pi \int_{-\infty}^{t} f(\tau)\mathrm{d}\tau \tag{5.24}$$

所以DCO相位调制是通过定时频率调整实现的。在离散时间系统内，频率控制通常由周期T_R的参考频率时钟沿确定，并且只会在更新的时间间隔内执行。式（5.24）现变形为离散时间的运算：

$$\phi[k] = 2\pi \sum_{-\infty}^{k} f[k]T_R \tag{5.25}$$

其中，k为时间系数。为了简化分析，式（5.24）和式（5.25）可以理解为属于超量相位和振幅量。

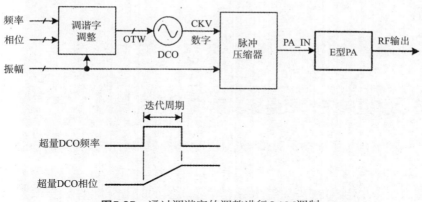

图5.25 通过调谐字的调整进行QAM调制

　　幅度指令使用上述的一种方法调制PA输出振幅。然而，如图5.21所示，这种脉冲压缩方法的副作用是脉冲中心会在延时沿传播。幸运的是，这种脉冲的中心位置能够容易预测出，特别是在全数字控制环境下尤为明显。脉冲中心的错位的合理修正需要改变单个时钟周期的DCO频率（图5.25），使得所得到的相位与预测的脉冲中心移位后的位置能够重合。

5.5.4 全数字振幅控制

　　图5.26所示的是通过动态调整有源晶体管开关的数目[67]，以实现RF功率放

大器的全数字化的控制方法，其中包括用于提供粗数字幅度调制的单位加权晶体管开关。有源晶体管数量的调整通过AND门进行控制，该AND门可视为具备下拉晶体管的互补传输门（complementary pass gate）。精细的幅度调制是通过一组单独的晶体管的高速$\Sigma\Delta$抖动来完成的。

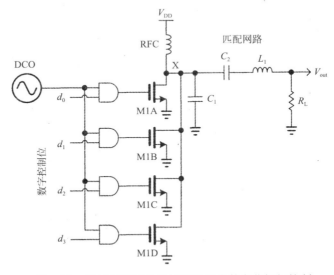

图5.26 通过多路开关晶体管进行全数字化振幅控制

5.6 展望未来：极坐标发射机

在1.4.2节构想了面向深亚微米CMOS电路的模拟与RF设计师的一个新范式，在此复述如下：

在深亚微米CMOS工艺中，数字信号沿转换的时域分辨率要优于模拟信号的电压分辨率。

在这种环境下成功的设计方法将利用范式强调以下几点：

（1）快速开关特性或者MOS晶体管的高f_T值（此工艺中分别是50 ps和80 GHz）：高速时钟和/或者定时转换的精细控制。

（2）高数字逻辑密度（此工艺中150 kilogates/ mm^2），使数字功能极为低廉。

（3）精细的光刻使小型器件几何形状与精密器件匹配成为可能。

与此同时，要避免以下几点：

（1）在模拟设计中常见的偏置电流。

（2）对电压分辨率的依赖。

（3）对存储和数字电路不需要的非标准器件。

图5.27展示的是对执行一个任意正交幅度调制（QAM）的RF无线发射机的新范式的应用。低成本的数字逻辑能够容许复杂的数字信号处理。这种微小的、完美匹配的器件容许从数字域到模拟域的精密的高分辨率转换。利用超高速时钟（即高过采样率），就不需要另外对随后的频谱副本的滤波和开关瞬态进行重建，而只需使用一个振荡器的自然滤波（由于频相转换，为$1/s$）、一个匹配的功率放大器和天线滤波器网络。由于转换器使用的DCO时钟具有高的频谱纯度，所以采样抖动会非常小。采样抖动受调制的影响不大，这正如6.5.1节所述，调制导致的抖动不会大于振荡器的热抖动。

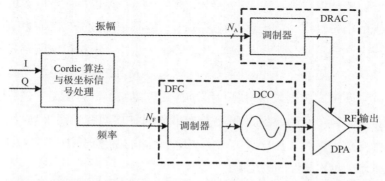

图5.27   基于DCO和DPA电路的极坐标发射机，简洁起见，DCO周围的全数字PLL未表示

涵盖的转换函数有相位/频率和RF载波的幅度调制，是分别使用数控振荡器（DCO）和数控功率放大器（DPA）电路实现的。这些是常规压控振荡器（VCO）和功率放大器驱动电路的数字密集型等效体。由于良好的尺寸特征和较高的现代CMOS技术的开关速度，相应的数字–频率转换（DFC：digital-to-frequency conversion）和数字–RF幅值转换（DRAC：digital-to-RF-amplitude conversion）传递函数具有良好的线性与较高的动态范围。

所选的结构属于极坐标结构，因为它在不同的路径实现振幅和相位调制。在数字基带（DBB）处理器所产生的笛卡儿坐标系的I和Q样本，通过一个CORDIC算法转换成极坐标系的振幅和相位样本。然后将相位区分获得频率偏差。极坐标信号能通过信号处理随后调节，以增加采样率并充分地减小量化噪声密度，减轻对调制频谱副本的影响。频率偏差输出信号反馈到DCO-based N_F –bit DFC，会产生相位调制（PM）数字载波：

$$y_{PM}(t) = \text{sgn} \left[\cos(\omega_0 t + \theta[k]) \right] \tag{5.26}$$

其中，$\text{sgn}(x) = 1, x \geqslant 0$ 且 $\text{sgn}(x) = -1, x < 0, \omega_0 = 2\pi f_0$ 是RF载波角频率，$\theta[k]$ 是第 k 个样本的调制基带相位。该相位 $\theta[t] = \displaystyle\int_{-\infty}^{t} f(t)\mathrm{d}t$ 是频率偏差的一部分，其中 $t = kT_0$，T_0 是采样周期。

振幅调制（AM）信号通过DPA-based NA-bit DRAC的方式控制相位调制载波的包络。数字载波的高次谐波通过一个匹配网络滤波，从而消去sgn（·）算子。该混合DPA输出包含所需RF输出频谱：

$$y_{\text{RF}}(t) = a[k]\cos(\omega_0 t + \theta[k]) \tag{5.27}$$

其中，$a[k]$ 是第 k 个样本的调制基带振幅。

尽管它们有相似之处，但是两个转换函数之间一样也存在着巨大的差异。由于通信系统的窄带性质，DFC运算范围很小，但有很好的分辨率。相反，DRAC运算范围很大，但是从分辨率来说就不够精确。此外，该相位调制路径在振荡器的频相转换时会引起额外的 $1/s$ 的滤波。当然，AM和PM的路径之间的信号处理和延时必须要匹配，否则，重组复合信号将会被扭曲。幸运的是，进程、电压和温度的变化的匹配不变性因为数字电路的准确时钟周期特性而得到可靠的保证。与容许范围（数十纳秒）相比较，DCO和DPA电路的群延时相对较小（几十皮秒，由于深亚微米CMOS器件的高 f_t 值）。

DFC和DRAC是全数字发射机的主要功能，在信号路径中不会使用任何电流偏置或者专用的模拟连续时间的滤波。为了改善匹配度、线性度、开关噪声和运算速度，首先实现作为单位加权的运算转换单元。由于在深亚微米CMOS工艺的器件匹配出色的特点，它比较容易在一个迭代周期内保证7bit的转换分辨率，而不需要详细说明布局方案。下面也会介绍DFC和DRAC架构。应该注意的是，在全数字无线RF发射机中没有其他文献报告。离散时间调制信号的频谱副本会以采样率频率 f_R 的整数倍出现在DCO和DPA输入中，可参见图5.1。

5.6.1 通用调制器

在图5.27中的两个调制器可以看作一个通用数模转换器（DAC）的数字前端，其中模拟在这里表示频率或者RF载波振幅中的其中一个。由于上述原因，物理转换器的单元元件是单位加权。因此，调制器的最简单的实现是一个二进制/单元加权转换器（binary-to-unit-weighted converter）。

可惜的是，受转换工艺分辨率的限制，上述结构并不实用。例如，DFC的12kHz频率阶跃不能完全实现GSM调制，其中峰值频率偏差能达到67.7kHz。同样对于振幅调制来说，6比特振幅分辨率也是过于粗略。如图5.28所示，在这个设计中，更精细的分辨率转换是通过最好的转换单元元件的高速抖动加以实现。N位数字定点输入可以分割为M个整数（高阶）位和N–M分数（低阶）位。整数字设定激活的转换元件的数目。小数字反馈到产生高速抖动流的Δ调制器中，这种高速抖动流的平均值与定点输入字的小数部分相等。

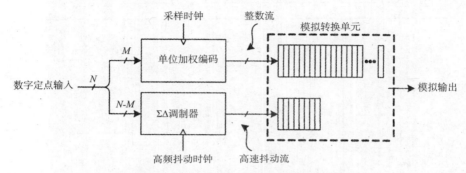

图5.28 通用DAC组成部分的数字调制器

应当指出的是，这个DAC结构与参考文献［87］中的结构有相似之处，但是它们明显的差异在于DAC结构允许在减少功耗情况下还能具备更高频率的运算。低速率宽总线宽度整数流（lower-rate wide-bus-width integer stream）从未在数字域与较高速率抖动流合并。最终流加法在器件单元域完成：在DCO中，变容二极管的电容增加，并且，在DPA中，晶体管电阻和驱动强度也会一起增加。通过这种方式，高速运算被限制到电路的一小部分，从而节省电流的消耗。关于DCO蓝牙调制器的详细说明，可参见文献［56］。

5.6.2 极坐标TX的实现

图5.29所示的是图5.27中的RF极坐标发射机用于未来设计的实现图。图中展示的蓝牙发射机没有使用动态振幅调制，所以振幅控制字（ACW）受静态控制进行输出功率设置。

发射机基于全数字PLL（ADPLL）频率合成器，该类频率合成器具有数字直接调频功能。它采用完全数字化设计和电路技术。数控振荡器（DCO）位于其中心位置，能谨慎地避免模拟调谐电压控制。一个数控功率放大器（DPA）有数字振幅调制功能。DCO在其输出中产生RF频段单比特数字可变时钟（CKV）。在前馈路径，CKV时钟切换一组NMOS晶体管开关，而这开关组成一个接近E类的数控射频功率放大器（DPA），紧随其后的是相匹配网络和天线终端。在反馈路径中，CKV时钟用于相位检测和参考重定时。信道和数据频率控制字按照频率控制字（FCW）格式被定义为仅限于FCW字长、有精密频率分辨率的小数分频比N。

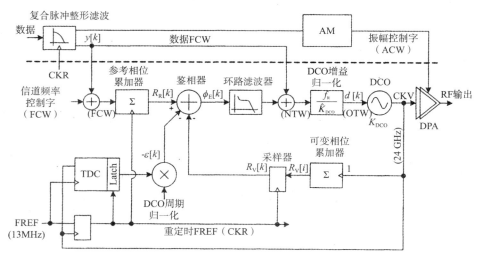

图5.29　基于同步相域全数字PLL的极坐标发射机。仅显示DCO追踪阵列变容二极管。PVT和获取阵列变容二极管自带归一化倍增器，该倍增器在正常工作期间是无源的（摘自参考文献［67］，©2004年IEEE.）

5.7　总　结

本章提出了通过添加相位/频率调制能力应用于第4章所述全数字PLL频率合成器的建议。分析表明，仅仅是频率控制字的调整都将受PLL的带宽的影响，这可能会减弱调制发射机数据的高频组件部分。接着描述了通过一个闭环PLL操作可以解决这个问题的预测性调制机制。讨论了预估DCO增益的相关问题的解决方案。

关于这点，应当指出的是，前馈相位/频率调整能力可有效应用于与发射机调制不相关的其他领域。例如，DSP处理器可能要求内部时间生成单元在进入或离开一个省电模式的时候，立即改变其时钟速率。另一实例，在一个硬盘驱动器读取通道中，有必要对基于时间的生成器的时钟相位"瞬时"进行180°的转换。可以在一个时钟周期内转移适量的频率，而不是多路复用延时线抽头。

最后，在DCO输出中加入一个高效的E类功率倍增器和功率调节电路，展示了用于无线通信的完整的发射机。本章还描述了一种全新的振幅调制方法，可以便捷地用数字方式实现。这将在全数字化极坐标发射机中达到顶峰。

第6章 行为建模与仿真

随着用于无线应用的全数字频率合成器和发射器的首次示范，人们使用相同仿真引擎对RF元件的建模与仿真的需求不断增加，例如用于数字后端，目前可能含有超过百万的门。以这种方式，复杂的相互作用和整个系统单晶片（SoC）集成电路（IC）的性能可以在下线之前得到验证和确认。

下面是一些有关复杂的相互作用的例子：

（1）TDC分辨率和非线性对PLL的近端相位噪声性能和杂散的影响。

（2）DCO的相位噪声对PLL相位噪声性能和杂散的影响，尤其是当PLL包含高阶数字环路滤波以及进行小数分频模式工作的时候。

（3）DCO频率分辨率对PLL的近端相位噪声的影响。

（4）ΣΔDCO抖动对远端相位噪声的影响。

（5）DCO变容二极管失配对调制频谱的影响。

（6）DPA分辨率和非线性效应对RF输出频谱的影响。

虽然基于SPICE的仿真工具对于包含多个元件的小型RF电路是非常有用的（如RF振荡器），但是其缓慢的仿真性能不利于分析更大的电路（如带有PLL和一个发射器或接收器的RF振荡器）。事实上，通过使用现有的技术，我们能够确定整个发射器在下线之前满足RF性能指标。

现在已经出现了各种各样的通信信道的建模方法。在纯粹的系统等级里有C和MATLAB模型，它们高度抽象并且与实际硬件没有多大的联系。在频谱的另一侧，该系统可以在非常低的等级的情况下，完全在SPICE模拟电源密集型系统中，或在由两种完全不同的仿真引擎间不同程度的联系组合成的SPICE和Verilog（或VHDL）中进行仿真（例如，SPICE和Verilog协同仿真背板）。我们建立一个链接到非事件驱动引擎，例如SPICE，会对仿真的性能产生巨大的影响，因此这不可能去确定通信信道的一个非常基本的数字指标：误码率。

在本章，我们将描述一个基于标准的单核仿真器的系统建模与仿真环境（如VHDL），并将重点放在振荡器建模和时间数字转换器。回路中的其他数字块可以直接使用标准的HDL建模技术来进行建模。现有的系统非常适合于进行带有一定的模拟电路内容的数字密集型应用。文件系统的预处理和后处理的大量联系更充分地促进了仿真和分析环境。单一仿真引擎的主要优点是，它允许在相同环境下，所有的硬件抽象水平的无缝集成。一个标准的VHDL语言的唯一最重要的特点是它支持实数或浮点类型的信号，而这个特点使得它远远优于Verilog的混合信号设计。对于标准VHDL语言在仿真和综合方面广泛的支持，使一个复杂的通信系统实现它的"建立我们所仿真的，仿真我们所建立的"目标成为可能。仿真器的性能、稳定性、多厂商的支持、成熟的标准和广泛的使用都是这种环境的优点。

6.1 仿真方法

VHDL是基于事件驱动仿真引擎的。如果与当前时间戳有关联的所有活动都已经消耗殆尽，仿真器就会进入到下一事件的时间戳。仿真活动仅花费在有需要的基础上，这是一个非常高效的方法。这与一些系统级仿真器形成了鲜明的对比。这些系统级仿真器是基于一种过取样时钟，如Simulink或SPW（CoWare公司的信号处理工作系统）。在这种环境下，仿真引擎不得不横向所有的等间隔的时间戳，该时间戳足够信号的过采样。

过采样领域的工作在基带信号与系统或在一个时钟的环境上都没有什么太大的问题。如果它们的频率比是小整数，即使只有两个时钟域都不是什么问题。在这种情况下，频率更高的时钟是公分母。然而，如果时钟对于公分母时钟具有非常高的频率没有直接的关系，操作就会变得很笨拙。

另一个环境是窄带RF系统，它暴露了过采样域仿真器的低效率。想想看在每个正弦RF周期中就有八个样品，而一个1μs符号就包含多达19 200样品！因此，我们选择了一个非常高效的RF波表示方法，其中只有正过零时间戳能够使用（图1.2中的t_k，t_{k+1}，t_{k+2}）。

6.2 数字模块

如表6.1所示，数字模块在不同抽象级别进行建模。例如，第一级所展示的一个GFSK发射滤波器就描述了通过使用实数进行输入和输出的简明的直接形式的有限冲击响应（FIR）滤波器方程的行为、系数以及所有中间信号。第二级所展示的是累积系数的实际执行可能显示的主要组成部分的顶层结构，然后通过使用整数位级来进行行为上的建模。二阶效应也包括在内，例如LSB截断和舍入以及MSB裁剪。第三级所展示的是和第二级相同的I/O行为，但它的RTL的表示促使门连通性的合成。建模的每一较高级别都期望能够通过数量级的顺序来改善仿真时间。

统一的方法确保在一个单一的仿真环境内各种抽象级别的互操作性。这允许仿真一个系统，既有合成块，又有那些仍然处在数学描述级别的块。

表6.1 VHDL建模抽象级别

第一级	数学方程和高层次的行为描述。为便于分析"假设"的问题而参数化。优化仿真速度和灵活性。快速取代并分析MATLAB的误码率。包括重要的与硬件相关的非理想特性和二阶效应，文件名后缀为"_l1.vhd"
第二级	整数域的数学方程隐含着底层的建筑结构。100%的管脚与第三级兼容。可用于顶层的连通性校检，文件名后缀为"_l2.vhd"
第三级	合成寄存器传输级（RTL）
第四级	合成工具形成的门级网表。它也可以是取自自动布局布线工具（APR）的真正的门级网表。附有电池和导线的时序信息（Vital或SDF）

6.3 支持数字流处理

数字通信信道的评估通常需要很长的数字数据流处理。一些测量，例如误码率，就需要多达几千万的数据位，因此，很有必要用快速有效的算法来存储、检索和访问数据。贯穿整个系统，算法处理的过程中强加入一个时间因果运算和线性复杂度顺序。其结果是暂存需求（RAM或磁盘交换空间）是不变的，并且模拟时间与数字流的长度仅在线性上成比例关系。

6.4 随机数发生器

我们需要一个伪随机数发生器来创建长流数字输入激励，以模拟电子热和闪烁$1/f$噪声，并且将抖动和漂移的偏差添加到振荡器时钟。在大多数的HDL工具中，系统所提供的伪随机数发生器通常不具有良好的随机特性。随机函数的典型实现（•）ANSI C函数调用或统一（•）IEEE math_realVHDL程序包的程序调用采用线性同余法，这虽然很有效而且快速，但是在连续调用方面受到顺序相关性影响。使用它可能会有曲解一个通信系统的性能的评价结果的危险，例如，通过一个维特比检测器不能操作所有可能路径。参考文献［88］中描述了一个基于帕克和米勒的Bays-Durham洗牌算法。文献［88］中还描述了基于博克斯-缪勒方法而形成的具有高斯（常态）分布的随机数发生器。

6.5 DCO 相位噪声时域建模

DCO振荡器中的相位噪声可以通过使用抖动和漂移结构来进行建模。图1.4中的$1/\omega^0$区域的平坦的电子热噪声被建模为一个非累计抖动。另一方面，上变频的热噪声的$1/\omega^2$区域被建模为一个累积的漂移。

6.5.1 抖动振荡器建模

图6.1所示的是一个定时抖动建模原则。$1T_0, 2T_0, 3T_0$ 和 $4T_0$时间戳是以$f_0 = 1/T_0$的频率运行的振荡器的理想等距上升沿事件。理想的振荡器输出可能会经历一次物理缓冲，就是对它的延迟增加了随机波动。在数学方面，物理缓冲器输出的实际时间戳可以描述为一个理想的时间戳每次都会发生的加性随机误差。这些定时误差不会互相影响。如果热电子噪声导致该随机误差，边沿定时偏差就会被认为是独立同分布（IID）的，并且通常建模为加性高斯白噪声（AWGN）。图6.1展示了每个理想时间戳里的错误概率曲线。在抖动的情况下的定时偏差TDEVj是不同的，不仅是在实际的时间戳$t_j[i]$方面：

$$t_j[i] = iT_0 + \Delta t[i] \tag{6.1}$$

还有在理想时间戳iT_0方面：

$$\text{TDEV}_j[i] = \Delta t[i] \tag{6.2}$$

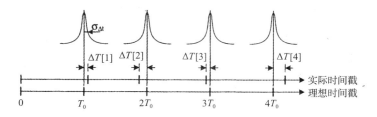

图6.1 非累积的定时偏差

$P_j[i] = t_j[1] - t_j[i-1]$是在抖动测量中常用的一个术语，统计数据显示，周期偏差是时间戳偏差的两倍。这是由于瞬时期间来自两侧的干扰，使得相邻的错误不完全独立。周期偏差可通过一个具有{1，−1}系数的2抽头FIR滤波器来传递时间戳偏差，从而进行建模。我们可以得出抖动的时间和频率域之间的关系:背景噪声 $\mathcal{L}$ 是单面谱密度。这需要通过乘以2得到式（1.5）中的 $S_\phi(\text{rad}^2/\text{Hz})$ 的等式双面谱密度。由于离散时间模型中抖动的差拍频谱扩展到奈奎斯特频率，S_ϕ 乘以 $f_0/2$ 得到总功率（RAD^2）。均方根抖动（rad）是它的平方根值。通过增加规范化因子 $T_0 = 2\pi$ 使得弧度量转换为以秒为单位的时间戳偏差:

$$\sigma_{\Delta t} = \frac{T_0}{2\pi}\sqrt{\mathcal{L}f_0} \tag{6.3}$$

对于蓝牙，$f_0 = 2.4\,\text{GHz}$，$T_0 = 417\,\text{ps}$，$L = 10^{-150\text{dB}/10} = 1 \times 10^{-15}\,\text{rad}^2/\text{Hz}$，相当于 $\sigma\Delta t = 103\,\text{fs}$。高斯抖动值在所有VHDL仿真默认情况下使用。在GSM的情况下，背景噪声必须至少低于 $-164\,\text{dBc/Hz}$。$f_0 = 0.9\text{GHz}$，$T_0 = 1111\,\text{ps}$，$L = 10^{-164\text{dB}/10} = 4 \times 10^{-17}\,\text{rad}^2/\text{Hz}$ 时，均方根抖动值为 $\sigma_{\Delta t} = 33.4\,\text{fs}$。式（6.3）具有以下反比关系:

$$\mathcal{L} = (2\pi)^2(\sigma_{\Delta t})^2 f_0 \tag{6.4}$$

6.5.2 振荡器漂移建模

图6.2所示的是时间漂移建模原理，也叫"累积抖动"。例如，由于热噪声影响振荡器内部，我们可以通过标称周期 T_0 的物理振荡器构思这一原理。这个标称周期 T_0 的实际周期随着一个周期到下一个周期的变化而发生些微变化。与此抖动情况相反的是，这里的每个过渡时间戳都依赖于以往的所有周期偏差。这种行为被建模为随机漫步。在漂移情况下，定时偏差 TDEV_w 是不同的，在实际时间戳 $t_w[i]$ 方面:

$$t_w[i] = iT_0 + \sum_{l=1}^{i}\Delta T[l] \tag{6.5}$$

在理想时间戳 iT_0 方面:

$$\text{TDEV}_w[i] = \sum_{l=1}^{i}\Delta T[l] \tag{6.6}$$

应当注意的是，其他参考文献会使用不同的术语，例如，参考文献［89］使用术语"绝对抖动"。不同于非累积的情况，这里的周期偏差相当于时间戳偏差。在数学上，式（1.11）是在时域和频域上用来联系漂移组件。例如，基于对大量的IC芯片数量进行的实验室测量，在500kHz偏移的 -105dBc/Hz 的DCO相位噪声层级是保守假设的。式（1.11）现已转变成

$$\sigma_{\Delta T} = T_0 \Delta \omega \sqrt{\frac{\mathcal{L}\{\Delta \omega\}}{2\pi \omega_0}} = \frac{\Delta f}{f_0} \sqrt{T_0} \sqrt{\mathcal{L}\{\Delta f\}} \tag{6.7}$$

这个公式在文献[90]中得到了证实。在蓝牙技术方面，$f_0 = 2.4\,\text{GHz}$，$T_0 = 417\,\text{ps}$，$\Delta f = 500\text{kHz}$，$\mathcal{L}\{\Delta f\} = 10^{-150\text{dB}/10} = 3.16 \times 10^{-11}\,\text{rad}^2/\text{Hz}$，得出 $\sigma_{\Delta T} = 24\,\text{fs}$。

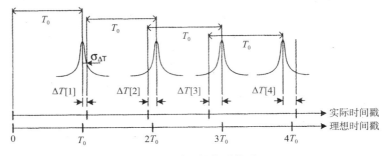

图6.2 累积的定时偏差

高斯漂移值在所有VHDL仿真默认情况下使用。在GSM方面，在 $\Delta f = 20\,\text{MHz}$ 的偏移量时，$f_0 = 0.9\,\text{GHz}$，$T_0 = 1111\,\text{ps}$，$\mathcal{L} = 10^{-164\text{dB}/10} = 4 \times 10^{-17}\,\text{rad}^2/\text{Hz}$，均方根漂移为 $\sigma_{\Delta T} = 4.674\,\text{fs}$。式（6.7）的反比关系展示了相位噪声为20dB/十倍频的衰减。

$$\mathcal{L}\{\Delta f\} = \frac{\sigma_{\Delta T}^2 f_0^3}{\Delta f^2} = \frac{(\sigma_{\Delta T}/T_0)f_0}{\Delta f^2} \tag{6.8}$$

6.5.3 振荡器闪烁（$1/f$）噪声建模

在前期的工作中，$1/f$ 噪声通过FIR和IIR滤波器[86]在时域中已被建模。根据噪声的建模类型获得滤波器系数的主要缺点是，在高滤波器的采样速率方面，如果 $1/f$ 噪声要经过几十年来描述，那所需的滤波器系数的数目就会变得非常大。例如，要使得一个1 GHz的滤波器能够描述 $1/f$ 噪声为1kHz将需要100 000滤波器系数。在这项工作中，$1/f$ 噪声是由白噪声穿过几个一阶低通滤波器构成的。每个滤波器塑造出噪声光谱的不同区域来生产出具有斜率所需的 $1/f$ 响应的复合输出，相当于10dB/十倍频或者3dB/倍频程。

$$\text{slope} = \frac{A_{\text{dB}}}{r} \tag{6.9}$$

随后，根据式（1.10），$1/f$ 噪声是上变频振荡器，这导致了相位噪声的最后30dB/十倍频的斜率。图6.3所示的是建模原理。$1/f$ 噪声是根据这一原理进行建模的，它的频率被分成几个区域。区域之间的频率边界作为滤波器的转折频率，该滤波器用于噪声生成过程。相连的滤波器之间的DC增长比例为

$$A = 10^{A_{dB}/20} \qquad (6.10)$$

选择这个公式是为了使得相应的相邻转折频率的比率

$$r = \frac{f_{c,k+1}}{f_{c,k}} \qquad (6.11)$$

能够满足式（6.9）。就像从图6.3所看到的那样，所述滤池的复合响应产生具有所需要的10dB /十倍频的1/f噪声特性。

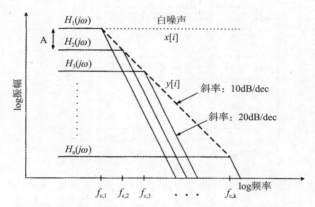

图6.3 单极低通滤波器的复合响应（摘自参考文献［3］，©2005 IEEE.）

图6.4展示了用于产生1/f 噪声的时域模型。白高斯单位方差噪声源$x[i]$都输入到每个滤波器。在频率间隔范围$f_{c,1}$至$f_{c,K}$，所有滤波器的输出相加后得到整形的1/f 噪声响应。每个滤波器$h_k[i]$都被建模成一阶IIR滤波器，并由差分方程式表现出来：

$$y_k[i] = (1 - a_k)y_k[i-1] + a_k A^{-(k-1)}x[i] \qquad (6.12)$$

其中，k是所述滤波器指数，$k=1, 2, \cdots$；k和A是式（6.10）给出的衰减因子的线性值；a_k被定义为

$$a_k = 2\pi\frac{f_{c,k}}{f_s} \qquad (6.13)$$

其中，$f_{c,k}$是滤波器k的角频率；f_s是常用的采样率。

如果整形滤波器通过使用多速率的方法来实现，角频率以多速率的频率被缩放，滤波器就能够获得相同的反馈系数。多速率的方法既简化了这些滤波器的设

计，也降低了计算复杂度。图6.5为多速率$1/f$噪声配置。

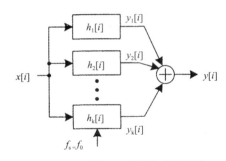

图6.4 $1/f$噪声生成器的时域建模

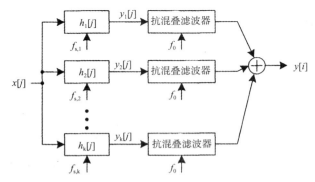

图6.5 多速率$1/f$噪声配置（摘自参考文献［3］，©2005 IEEE.）

每个滤波器是由振荡器频率f_0的下分频来测出其速度

$$f_{s,k} = \frac{f_0}{M \prod_{l=0}^{K-k} r^l} \qquad (6.14)$$

其中，K是滤波器组件的总数。滤波器的最后部分具有最高采样频率，$f_0 = M$。每个后续段具有一个采样频率，相当于以下被A除的部分的采样频率

$$f_{s,k} = \frac{f_{s,k+1}}{r} \qquad (6.15)$$

由于使用较低采样率，所产生的混叠被位于每个滤波器输出口处的抗混叠滤波器清除掉了。抗混叠滤波器达到了RF输出频率f_0，也包括$\sqrt{f_{s,k}/f_0}$的抽取比例增益。

如果角频率与相同的采样率有关，则

$$f_{c,k} = \frac{f_{c,k+1}}{r} \qquad (6.16)$$

所有的滤波器都有相同的反馈系数。对于一个一阶IIR滤波器来说，反馈系数的

大小可以从下式得到

$$a_k = 2\pi \frac{f_{c,k}}{f_{s,k}} \qquad (6.17)$$

这个公式清楚地说明，如果f_S和f_C达到同一比例，则滤波器系数保持不变。

图6.6展示了首选的实现方案，即跟前面的方案一样不需要那么多的时域。在这种配置中，所有的$1/f$噪声整形滤波器驱动在相同的低时钟频率f_s和混叠图像通过位于累计输出并且达到RF时钟率f_0的抗混叠滤波器移除。用于实现方案中的抗混叠滤波器阶段的数目取决于滤波器所需混叠频带的量。

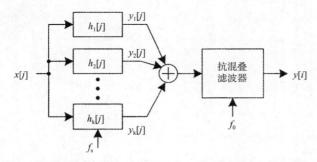

图6.6 所有噪声整形滤波器内单个时钟的多速率$1/f$噪声配置（摘自参考文献［3］，©2005 IEEE.）

图6.7展示了频谱响应在所述DCO输出量的实现，其中$1/f$滤波器在$f_{c,1} = 100\ Hz$，$f_{c,2} = 1\ kHz$，$f_{c,3} = 10\ kHz$，$f_{c,4} = 100\ kHz$ 和 $f_{c,5} = 1MHz$ 具有截止频率。这一实施以 $f_0 = 2400\ MHz$ 的RF时钟速率运行着，$1/f$ 滤波器也达到了$f_s = 24\ MHz$ 的速率。位于所述累加器的输出的抗混叠滤波器的时钟达到了RF时钟速率，具有2MHz的截止频率。

图6.8显示了没有正弦滤波器的滤波响应。如图所示，在正弦滤波器不存在的情况下，混叠的杂散表现在$1/f$时钟速率的倍数上。

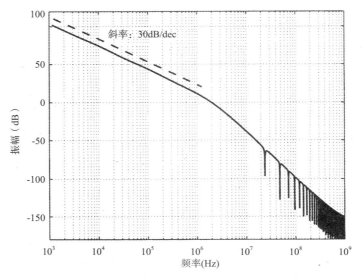

图6.7 正弦滤波器的多速率$1/f$噪声响应（摘自参考文献［3］，©2005 IEEE.）

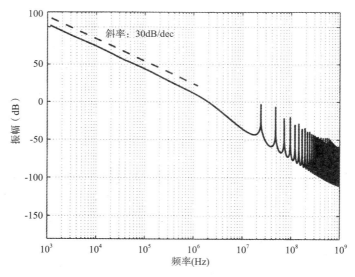

图6.8 无正弦滤波器的多速率$1/f$噪声响应（摘自参考文献［3］，©2005 IEEE.）

需要强调的是，振荡器$1/f$噪声的构造方法与漂移方法从根本上并没有不同。在前面所提的情况下，适当地滤波高斯噪声$y[i]$会影响振荡频率偏差$\Delta f[i]$。在后面一种情况下，如图6.3所示，用高斯噪声$x[i]$来代替滤波器。在这两种情况下，式（1.10）中的频率–相位变换给斜率增加了20分贝/十倍频。式（6.7）将$1=\omega^2$相位噪声$\mathcal{L}\{\Delta\omega\}$与时间漂移$\eth\Delta T$联系起来。在整形的$1/f$噪声的情况下，由于一阶滤波器的影响，角频率的相位噪声为3dB，这比上面给出的数据还少。对

于图6.3中的1/f噪声曲线的最低角频率点，这与$F_{c,1}$相符，我们通过公式计算出了使用下式的标准偏差

$$\sigma_{\Delta T,1/f} = \frac{\Delta f_{c,1}}{f_0}\sqrt{T_0}\sqrt{2\mathcal{L}\{\Delta\omega_{c,1}\}}$$ （6.18）

$\sqrt{2}$的因子已经被用来解释相位噪声降低了3dB。然而，由于因它们的公共输入的噪声整形滤波器输出的相关性质，我们需要对$\mathcal{L}\{\Delta\omega_{c,1}\}$进行进一步的校正。在$r = 10$的情况下，我们需要减去5.5dB。如果每个滤波器是由单个不相关的噪声源供给，那么额外的校正只需要21.5dB。

6.5.4　时钟沿分频器的影响

如图6.9所示，一个时钟沿分频器往往会附带一个RF振荡器，这是出于以下因素：

（1）基于正交的接收器架构需要精确的形成4个90°间隔的时钟（图1.13）。最直接的方法是以双倍频率来运行的振荡器，并使用正交分频器。

（2）强大的RF功率放大器的输出反馈到振荡器的耦合在减小（图1.11）。在这种情况下，只有更加弱的PA输出的第二次谐波电流能够影响振荡器。

（3）最理想的品质因数Q的RF电感可能发生在远高于操作RF带的上方，所以在高频率的条件下操作振荡器并且将其分割是有利的。

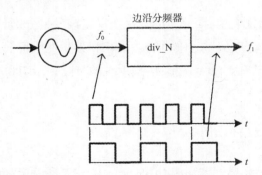

图 6.9　具有边沿分频器的DCO（$N = 2$）（摘自参考文献［3］, ©2005 IEEE.）

下面的分析检验了一个时钟沿分频器的增加将如何影响振荡器的相位噪声的建模。以防白噪声的产生，我们不需要考虑到抖动的条件。均方根抖动的相同值将用于以两倍的频率工作的振荡器的核心。由于不需要考虑到抖动的贡献，所以我们可以丢弃其他边沿。这样在时间单位内的均方根抖动值在时钟沿分频的情况下不会发生变化。用另一种方式来了解它，就是通过混叠2个RAD^2/ Hz的双倍噪

声谱密度，并且由于周期现在也减半了，因此在时间单位内的噪声值不会改变。因此，在抖动的情况下，

$$\sigma_{\Delta T,0} = \sigma_{\Delta T,1} \qquad (6.19)$$

根据独立的随机同一分布的变量的功率添加的法则，振荡器核心的等量的均方根漂移$\sigma_{\Delta T,0}$在边沿分频器的输出上因为$\sqrt{N}$而比漂移$\sigma_{\Delta r,1}$低，其中N是分频比。

因此，在漂移的情况下，

$$\sigma_{\Delta T,0} = \frac{1}{\sqrt{N}}\sigma_{\Delta T,1} \qquad (6.20)$$

6.5.5 一个DCO的VHDL实现模式

对于VHDL的事件驱动的振荡器的实现，式（6.1）这里改写为

$$t_j[i] = \sum_{l=1}^{i}(T_0 + \Delta t[l] - \Delta t[l-1]) \qquad (6.21)$$

在$\Delta t[0]=0$的条件下，式（6.5）在这里改写为

$$t_w[i] = \sum_{l=1}^{i}(T_0 + \Delta T[l]) \qquad (6.22)$$

其中，$\Delta t[i]$和$\Delta T[i]$是高斯分布的随机变量，该变量分别具有$\sigma_{\Delta t}$（式（6.3））和$\sigma_{\Delta T}$（式（6.7））标准偏差。噪声的非累积和累积性质可简洁明了地从这两个方程式中看出。抖动和漂动（包括$1/f$噪声）的贡献，$\Delta t[i]$和$\Delta T[i]$，正常情况下合并成为一个等式：

$$t_{jw}[i] = \sum_{l=1}^{i}(T_0 + \Delta t[l] - \Delta t[l-1] + \Delta T[l]) \qquad (6.23)$$

一个DCO的VHDL模型图如图6.10所示，显示了图3.9中的DCO增益路径的实施过程中的方块图。DCO_IN_P，DCO_IN_A，DCO_IN_TI和DCO_IN_TF是偏离DCO振动频率的数字std_logic_矢量输入，它分别控制PVT的LC槽路电容、采样、整数追踪，以及分数追踪的变容二极管阵列。DCO_QUANT_P，DCO_QUANT_A和DCO_QUANT_T：这些输入的数字符号整数的表示形式是固有周期乘以它们各自的时间单位的偏差。然后，它们的输出合计起来创建VHDL时间型复合周期偏差信号。这个信号随后由自然振荡周期或中心振荡周期DCO_PER_0除去。该

时间信号控制DCO振荡器的瞬时周期。附录C.2部分中有实现阶段控制振荡器（PCO）的实际代码。出于性能的考虑，我们使用国外的C函数调用来计算抖动和漂移的扰动，如果完全在VHDL中实现，这将会使得计算量增大。

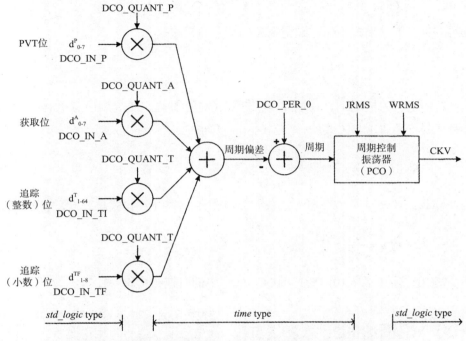

图6.10　VHDL的DCO时域建模（摘自参考文献［3］，©2005 IEEE.）

在附录C.1部分有一个DCO振荡器的2级VHDL代码。它采用整数型的数字调谐输入端口。在可综合的只能通过连接形成的DCO包装器中，从std_logic_矢量到整数的转换都是在更高层次进行。

6.5.6　物理K_{DCO}的支持

DCO的频率阶跃Δf^T与开关电容的ΔC^T的关系见式（2.14），为了方便，这里再重复一次：

$$\Delta f^T(f) = -2\pi^2 (L\Delta C^T) f^3 \qquad (6.24)$$

其中，L是LC谐振电感。L和ΔC^T是一个稳定的PVT常数，它们是唯一的未知数，并且处于方程式右侧的PVT变化中，因此将它们组合在一起是有道理的。所述谐振频率f是由LC槽的总电容C控制的。当然，f凭借ADPLL循环操作（在频率控制字FCW分辨率之内）已被熟知。由于$K_{DCO}=|\Delta f^T|$，式（6.24）被重写为

$$K_{DCO}(f) = 2\pi^2 (L\Delta C^T) f^3 \qquad (6.25)$$

这显示了对于LC谐振频率的强烈依赖。采用K_{DCO}的导数会导致

$$\frac{dK_{DCO}(f)}{df} = 6\pi^2 (L\Delta C^T) f^2 = 3\frac{K_{DCO}(f)}{f} \qquad (6.26)$$

由此，我们推导出关于相对频率偏差的K_{DCO}的相对变化：

$$\frac{\Delta K_{DCO}(f)}{K_{DCO}(f)} = 3\frac{\Delta f}{f} \qquad (6.27)$$

在一定F_0的情况下，让$K_{DCO}(F_0)$成为DCO的增益。通过调谐总电容C改变LC谐振频率将导致这个公式的一个新的$K_{DCO}(f)$形成

$$K_{DCO}(f) = K_{DCO}(f_0)|\frac{f^3}{f_0^3} \qquad (6.28)$$

$K_{DCO}(f)$到相应的ΔT（秒）的转换是通过使用线性方程式（2.20）来简化为

$$\Delta T(f) = \frac{K_{DCO}(f_0)}{f_0^3}\frac{1}{T} \qquad (6.29)$$

其中，T是在图6.10中所述的DCO模型中的时期被追踪。

6.6   建模中的亚稳态触发器

传统的同步数字化设计能够便捷地处理亚稳态以及把握系列部件（如触发器和锁存器）的时间。在ADPLL结构中一个主要的不便就是我们需要将处理亚稳态视作在设备运行过程中期待出现的常规现象。像任何其他具有相互异步时钟的系统那样，这种架构需要下很大工夫来避免同步失败。处理同步失败的常用方法是通过级联同步器充分地增加平均故障时间（MTBF），这样偶然性的错误就不再被认为是什么问题。充分的解决方案是解决亚稳态问题，这种结构也要求亚稳态被随机避免。

下面的列表总结了两个ADPLL领域，我们需要特别注意亚稳态的设计、建模和仿真相位。

（1）通过时间数字转换器（TDC）的参考频率，DCO时钟延迟复制采样；对亚稳态的分辨率的要求，如4.6节所述。

（2）DCO时钟在时钟重定时电路的参考频率重定时；对避免亚稳态的需求，如4.7.3节所述。

在参考文献［91］中亚稳态行为的指数模型描述并实现了一组设置/复位锁存器的基本元件。不幸的是，该模型相当复杂，因而降低了仿真的性能。在本书中，我们描述了一个更简单有效的方法来模拟亚稳态。

通过数据输入引脚（D）和时钟引脚（CLK）之间的时序关系的连续检查，以及在D至CLK斜交在禁止的亚稳态窗口中下降的条件下，通过数据输出引脚（Q）形成未知输出X，在关键触发器中对亚稳态进行建模。如图4.22所示，所述亚稳态窗口定义为x轴区域（D至CLK时序斜交），使得CLK至Q在y轴上的延迟在一定量上比标称的CLK至Q的延迟还长。例如，在标称的CLK至Q的延迟是100ps的条件下，而此时D至CLK时序又不那么重要，如果能够容忍CLK至Q的延迟增加到90 ps，亚稳态窗口将会是20 ps；如果能容忍CLK至Q的延迟增加到更高的170 ps，该亚稳态窗口会下降到10 ps。那么问题来了，这个窗口可以延长多远？这其中有一些局限性，对于一个紧密的D至CLK斜交，噪声或其他统计的不确定性，例如抖动，虽然可以任意地解决输出问题，但会丢失输入数据。因此，对于一个设置时间的常规定义，不仅需要输出不受任何亚稳态条件影响，而且必须正确地获得输入数据。基于这个原因，设置和时间的把握在标准单元库中对于超过标称的10%或20%的输出延迟增加谨慎地定义。TDC矢量所得的特性并不需要此限制约束。在这里只要它在捕获的时间不是亚稳态的，任何输出等级分辨率都是令人满意的。因此亚稳窗口可以任意缩小。实际上，在现实的设计中，该定时窗口比1fs还窄。

图6.11中的触发器的时序图（多个周期）被重画来进一步阐述这个想法。x轴表示所述周期性的D至CLK与相等于T_0的CLK时钟周期的重复周期的关系。y轴表示CLK至Q的延迟，在名义上等于$t_{CLK-Q(nom)}$，但在数据转换更接近采集时钟时成倍地增加。为简单起见，这里表示出的确切的亚稳态触发器延迟与时钟和数据的完美对准达成高度一致。在实际电路中，这不是什么大问题。如图4.22中策略触发器所示，在时钟数据有滞后现象的情况下，亚稳态倾斜47ps。这种特殊的条件是服从于特定电路而实现的。只是为了证明这一点，在图4.21中的标准的高性能触发器表明亚稳态窗口位于相反侧。由于传统主从式完全静态的CMOS拓扑结构的上升沿和下降沿转换之间的不对称，该图实际上显示了两个分开约65ps的亚稳态窗口。传统触发器的这一方面使得它无法用于TDC实施，而这需要范围在20至40ps的分辨率，并且保持良好的线性关系。因此，最好的选择就是对称的基于读出放大的触发器。

建立和保持违例窗口（分别是t_{su}和t_h）都围绕着时钟边沿并且定义为D至CLK

条件，使得$t_{CLK-<Q>}t_{CLK-Q(max)}$，其中$t_{CLK-Q(max)}$是允许触发器输出延迟的最大值。

图6.11中所示的定时周期性是指一般情况下时钟多样化因子（即在发射和采集时钟之间的边缘数目的距离），有可能大于1。一般情况下，任何时序关系都是有效的，只要D至CLK斜交不落在禁止区域。

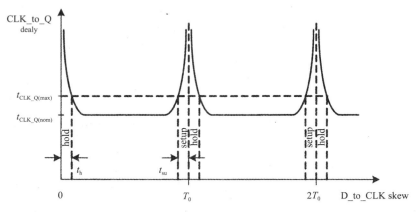

图6.11 触发器的时序图

在我们的系统中，我们利用了VHDL已经支持一个9值的数字位类型std_logic这一事实，而这就是IEEE的标准，它的级别中的一个为X，被定义为"强未知的"。如图4.14所示，TDC触发器的建模使得在Q输出生成的X指出其D至CLK时序的亚稳区，然后可以在伪温度计代码边沿检测器检测，并且随机选取0或1来替换X。正是这种电路的性质使该亚稳条件在一个完整的FREF时钟周期内得到解决。然而，由于噪声的原因，分辨率结果的采样的时间就不得而知了。因此，统计二进制结果的可能性似乎是建模这种现象的一个很好的选择。例如，如果Q矢量是"00111X0000..."，就有50%的机会用5或6的各自的解码TDC_RISE结果来解决"0011100000..."或"0011110000"。因此一个单一的LSB包含测量误差。

图4.24的时钟重定时电路的亚稳态模型用于其他用途。每当D至CLK时序关系落在禁止区域，这些寄存器也能在Q输出生产出X。但是还没有提出分析验证。这是根据应完全避免亚稳候选的时钟重定时电路的预定操作。在图4.24的底部显示了两个潜在的亚稳态事件以及电路如何与它们保持远离。当然，源自TDC的MUX选择信号需要以相同的方式凭借伪温度计代码检测器来解决。

策略触发器的VHDL代码显示在附录C.3部分。能够处理亚稳输入的TDC输出解码器则显示在附录C.4部分。

6.7 仿真结果

6.7.1 时域仿真

图6.12不仅显示了瞬时频率偏差的复合轨迹区，而且还说明各种PLL模式运行情况。*x*轴是CKV时钟单位（约417ps/周期）的时间演变。*y*轴是以飞秒来表示的初始值为2402MHz（信道0）的频率偏差，其中1fs相当于5.77kHz（表2.1）。

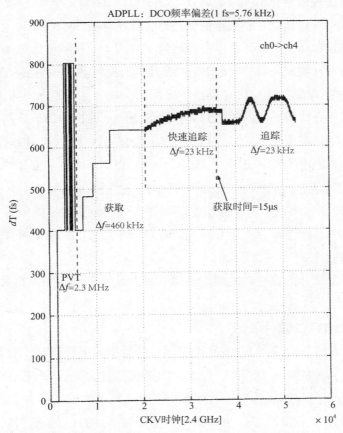

图6.12 发射器的调制在2.4 GHz的RF输出的仿真图形（*y*轴：飞秒的Δ*f*；*x*轴：在417ps RF时钟周期的时间）（摘自参考文献 [3]，©2005 IEEE.）

最初的出发点是在中心频率信道零的设置。机器启动时，一个4MHz的通道4的"冷启动"也发动了。该ADPLL通过启用PVT振荡器控制器（OP）首先在PVT模式进行操作。该控制器粗略地调节2.3MHz来适应频率，这相当于调节399fs来适应振荡器周期。接下来，PVT控制器的输出搁置，获取振荡器控制器（OA）被启用。此次获取控制器很快使得频率接近460kHz阶跃的通道。通道的获取完成后，OA控制器的输出搁置，整数追踪振荡器控制器OTI和分数追踪振荡器控制器OTF启用。对于信道所要求的最精细的选择只有与所有可用于此电容器阵列的分辨率增强技术一起通过使用追踪倾斜可变电抗器才能完成。这种模式的动态范围必须覆盖先前获取模式的频率分辨率网格。在快速追踪模式中，频率阶跃是最精细的（小于1kHz），但是环路带宽可以像其在获取模式中一样宽。具有环路带宽窄的特点的追踪模式完成了通道获取和频率锁定。

整个锁定过程需要15µs的时间以及13MHz（约36000 CKV周期或196 FREF周期）的参考频率。在获取达到稳定的状态下，开始调制GFSK数据。

该图还显示了PLL是如何通过考虑到频率所期望的频率上限等级和频率下限等级之间的波动（抖动），自然地处理PVT模式的振荡器的频率量化效应。在2.6节中描述了这种现象。就如仿真操作所揭示的那样，如果DCO频率粒度是有限的，闭环PLL系统就能进行内部的时间抖动的操作。该机制如下：如果平均振荡频率长期位于两个相邻阶跃之间，PLL将在较低的频率下工作一段时间，直至累积的相位误差超过分辨率的阈值。在这一点上，PLL将切换至较高的频率直到累积负相位误差迫使它回到第一个较低的频率的位置上。这类单个量化级的抖动，与FREF时钟周期一样，是一个缓慢的过程，并且它在获取模式上是无法被观察到的。这是因为合成器不会一直在那里让环路积累足够的相位来触发起纠正作用的鉴相器输出变化。

上述所说的闭环低速抖动机制应该与追踪模式的开环ΣΔ高速抖动区别开来。

6.7.2   频率偏差仿真

图6.13所示的是振荡器的$1/f^2$噪声（漂移）处于关闭状态时，发射器RF输出中的瞬时频率偏差的时域曲线图。然而，DCO仍然包含了2150 dBc的电子热噪声floor（抖动）。由于VHDL仿真器与频率的概念不相关，y轴表示相关周期飞秒的偏差。根据表2.1，在蓝牙频带的开始，DCO周期偏差的1fs相当于所述DCO频率偏差的5.77kHz。160kHz完整的符号偏差转换为约28fs。信号内容完全被噪声覆盖，噪声峰值的数量级比信号峰值大，这可能看起来是意外。幸运的是，泄漏积分通过进行简单的低通滤波（dc单位增益的一阶IIR滤波器）揭示了一个非常清晰的调制信号。原因很简单：白色电子热噪声在更高频率里有许多能量。

由于离散时间振荡器的采样性质，它的噪声从DC延伸到二分之一的2.4GHz的RF频率。噪声部分因陷入信号频带而不能从信号区分开来，因为1MHz频带包含99.9%的信号能量，那么噪声部分是

$$\frac{1\text{MHz}}{2400\text{MHz}/2} = 0.00083 = 0.083\% \qquad (6.30)$$

频带外的成分很容易滤波出来。

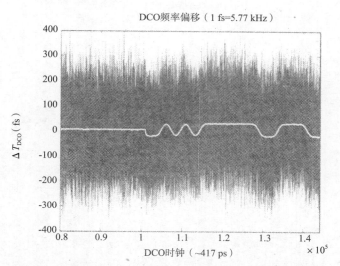

图6.13 相位噪声floor只有−150 dBc的$\alpha=1/2^8$的CKV的瞬时周期偏差（粗白线表示一个泄漏积分）

图6.14显示了一个类似的时域图，但现在$1/f^2$噪声已经开启。最大频率偏差峰值由于噪声的原因都大致相同，但滤波的成分有些失真。在这种情况下，$1/f^2$成分在较低频率里含有不能透过线性滤波来分离的大量的能量成分。

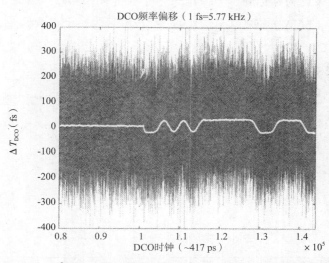

图6.14 $\alpha=1/2^8$的CKV的瞬时周期偏差，有−150 dBc的相位噪声floor和500 kHz中有−105dBc的$1/f^2$噪声（粗白线表示一个泄漏积分）

图6.15所述DCO抖动源关闭，只剩下幅值（DT）相当小的漂移成分，但主要还是通过较低频率成分使信号失真。

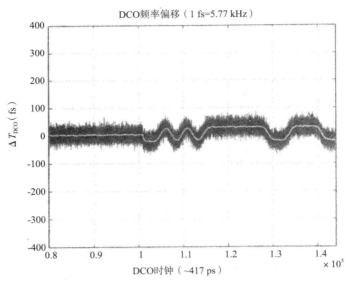

图6.15 $\alpha=1/2^8$的CKV的瞬时周期偏差，500 kHz中只有-105 dBc 的$1/f^2$噪声（粗白线表示一个泄漏积分）

6.7.3 发射器相域仿真

图6.16（左）显示了图5.13中GFSK数字滤波器输出$y(t)$的功率频谱密度。该滤波器系数被设计为标称的蓝牙带宽——符号周期产品BT=0.32。该滤波器输出是频率控制字（FCW）格式（式（4.9）），被解释为一个载频偏差。标称调制指数$h=0.5$用于FCW建构。图6.16（右）显示了调制GFSK的RF载波的功率频谱密度，如式（1.18）所述，其中心位于这个载波频率。

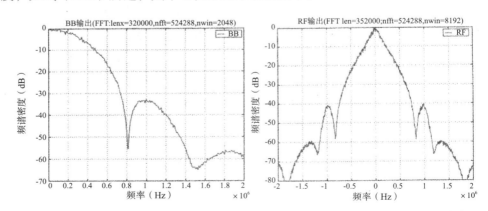

图6.16 GFSK调制光谱：（左）脉冲整形滤波器输出；（右）载波频率中心的RF载波输出

6.7.4 合成器相位噪声仿真

图6.17显示了合成器的相位噪声谱$\alpha=2^{-8}$的成比例的环路增益设置。参考频率是13MHz，所以PLL带宽计算为（13MHz）（$2^{-8}=2\pi$）=8086Hz。FREF相位噪声设定为–130 dBc / Hz，这大致与实惠又实用的晶体振荡器一致。FREF相位噪声规范化到DCO时钟周期，这等同于乘以分频比：

$$-130\text{dBc/Hz} + 20\log(2402\text{MHz}/13\text{MHz}) = -130 + 45.33$$
$$= -84.7\text{dBc/Hz} \qquad (6.31)$$

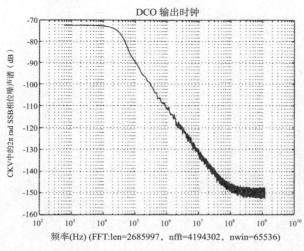

图6.17 $\alpha=1/2^8$的CKV时钟仿真频谱

图6.17显示了–20dB/ 十倍频斜率的上转换热噪声的两个不同的区域，这在图1.4中已经介绍过了。第一个区域里经PLL校正的环路带宽有噪声频率成分。由于I型环路的20dB/十倍频斜率（式（4.50）），噪声特性变得平坦。位于第二区域的频率成分不在环路内，该环路不能被校正，展示了起初的–20dB/十倍频斜率。式（6.3）证实了高频率的电子噪声floor为–150dBc / Hz。式（6.7）则证实了500kHz偏移量中相位噪声示值读数为–105dBc/Hz。

图6.18显示的是仿真相位噪声为$\alpha=2^{-6}$的情况。需要注意的是，PLL带宽会产生更宽、更低的平坦区域。

图6.19所示的是TDEV定时偏差（理想定时实例中随机移动）分别演化为$\alpha=2^8$和$\alpha=2^6$。如上面的频域图所展示那样，较宽的PLL带宽会移除更多较低频率的DCO相位噪声成分。

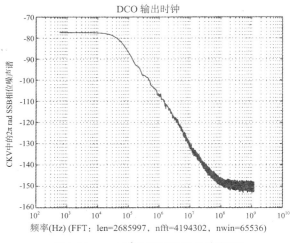

图6.18 $\alpha=1/2^6$的CKV时钟仿真频谱

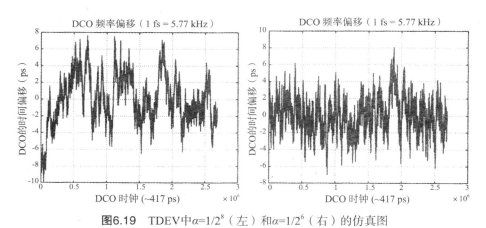

图6.19 TDEV中$\alpha=1/2^8$（左）和$\alpha=1/2^6$（右）的仿真图

6.8 总 结

在本章中，我们描述了一个全数字化的RF频率合成器和发射器的仿真和建模方法。完整的模型使用时域事件驱动结构。用上转换$1/f$噪声建模。该实例适用于数字化控制振荡器。我们所提到的仿真器是VHDL引擎的事件驱动，它是带数字后端的RF发射器的仿真引擎，这让我们能够通过复杂的DSP算法来无缝使用全数字频率合成器，同时学习最先进的深亚微米数字CMOS工艺。在大型系统级芯片设计中运用为RF电路服务的事件驱动仿真方法，我们已经展示其可行性以及吸引力。

第 ⑦ 章 实现与实验结果

在本章，将同时讲解频率合成器的实现与一个完整的顶层蓝牙发射器的核心技术。首先，给出一个顶层方框图，并且列出了所有主要组成部分。然后阐述芯片显微照片和IC芯片的评价板。接着，展示基于ADPLL的蓝牙发射器的特性数据。对一个非调制合成器的关键性能评价是它的相位噪声和杂波输出。没有频率调制能力的合成器也可以用作本地振荡器（LO），在接收器路径进行频率转换。

7.1 DSP 及其 RF 的DRP接口

图7.1展示了IC芯片的概要。频率合成器结合DSP实现整个发射器。装有28千字节RAM和128 千字节ROM的德州仪器公司TMS320C54x的DSP包含用于蜂窝应用的典型外设：计时器、API、串行端口和XIO并行总线接口，其中包括中断和等待状态。XIO总线是8位地址空间和16位数据寄存器的专用高速双向并行接口，直接耦合数字化RF发射器（DRP™）到DSP。发射器寄存器映射到DSP XIO空间，并且可以使用读写指令进行访问。DRP是DSP时钟的唯一提供者。为了避免DCO的参考频率的第n次谐波的注入牵引现象，DSP在DCO边缘重新定时的FREF时钟或一分为二的DCO时钟上运行。如果检测到所选的时钟故障，监视计时器就会自动切换到FREF时钟。

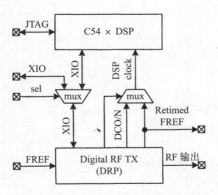

图7.1　具有DSP的单芯片数字RF发射器

7.2　发射器核心实现

图7.2显示了一个测试芯片发射器的实现细节。这个设计是根据模拟/RF内容基于德州仪器公司的ASIC数字流而进行特殊调整。发射器核心被划分成以下区块：

（1）带有以13 MHz重定时参考频率运行的时钟的低速数字（LSD）超级块。

（2）带有比参考频率快得多的时钟的高速数字（HSD）码片。它包含了一个可变相位累加器（以2.4GHz运行）和振荡器跟踪阵列可变电容（以600GHz运行）的ΣΔ抖动。

（3）时间数字转换器（TDC）ASIC单元在FREF中操作并具有高时序精度的要求。该命令集还包含一个主要以2.4 GHz工作的FREF时钟重定时电路。

（4）只有数字I/Os的DCO+PA ASIC，结合数控振荡器和E类功率放大器（PA）作为一个单一的RF模块。PA由具有由寄生元件形成的内置匹配网络的数字开关晶体管和IC芯片外部元件构成。RF器件是通过使用可供DSP设计人员使用的现有的装置而完成。平面电感器是使用3至5层金属层建构。可变电容使用具有振荡频率[50]的全数字控制的PPOLY/ NWELLMOS结构。

（5）控制总线接口（CTL）的超级块，允许发射器通过XIO并口接口进行控制。

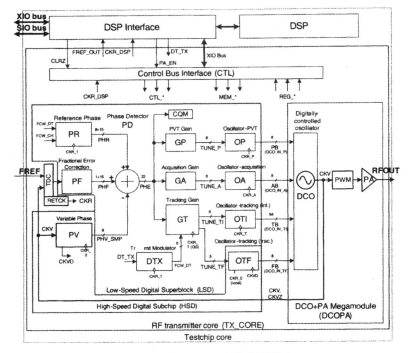

图7.2　基于ADPLL的发射器核心

　　发射器核心密封在测试芯片核心中，是最终芯片层下面的最高级别的层次结构，包含I/O板和缓冲区。测试芯片核心还包含TMS320C54xDSP的接口和封装电路，通常使用于手机。控制接口块（CTL）允许一些信息源中的一个来控制发射器：外部XIO总线、来自DSP的内部XIO总线、串行SIO总线和JTAG接口。发射器核心有一个专用的16位数据寄存器的8位地址空间。

　　所有的数字块是使用Synopsys设计编译器由VHDL代码寄存器传输级（RTL）合成。这其中包括了2.4 GHz时钟运行电路，例如可变相位PV。通过使用AVANTI布局软件包，该组块会自动配置和自动路由。模拟和RF块使用行为VHDL代码建模。顶层连接用构造VHDL记述，合成一个网表，无需绘制原理图。

　　实现的发射器是数字密集型的。内部按照既定的RF/模拟设计实践的组块只有DCO和PA，即使在最高的I/O水平，它们通过数字流表征。这两个组块与传统参照物有很大不同，它们完全符合所提及的数字化设计。即使它们是由少量的晶体管组成，它们几乎占据了整个RF区域的一半。表7.1罗列了顶层发射器核心构件及它们的名字缩写，还有用来描述它们的数据。

　　过去曾用来控制合成器运作模式的程序装置，例如，PVT、搜索、快速跟进、追踪，都在DSP软件中得以实现。可以通过编写外部XIO命令手动进行单步调试操作模式。时钟质量监控（CQM）是用来收集某些关于ADPLL运行的统计数据。这在4.14.1节中有提到。

表7.1　顶层发射器核心构件

构件名称	缩　写	图　号
Reference phase accumulator	PR	4.65
Variable-phase accumulator	PV	4.12
Fractional-phase error estimator	PF	4.13
Time-to-digital converter	TDC	4.14
FREF clock retiming	RETCK	4.24
Phase detector	PD	4.6
Transmitter modulator	DTX	5.13
PVT gain	GP	3.9
Acquisition gain	GA	3.9
Tracking gain	GT	3.9
PVT oscillator interface	OP	3.11
Acquisition oscillator interface	OA	3.12
Tracking oscillator interface	OTI&OTF	3.16
Digitally controlled oscillator	DCO	2.14
Pulsewideth modulation	PWM	5.21
Power amplifier	PA	5.18

7.3　IC芯片

　　所描述的蓝牙发射器的测试芯片由德州仪器的130nm数字CMOS工艺实现。关键的技术参数在表1.1中可以查阅，这些参数以每平方毫米150等效门的密度为特性。图7.3是一个发射器测试芯片的晶圆显微照片。硅的总尺寸为3290μm×3290μm。这包括I/O焊盘两边专用的160μm。配套的TMS320C54x系列的DSP占据了6mm²（2430μm×2470μm）的大小，而这系列的DSP包括2G手机中使用的典型外围器件。

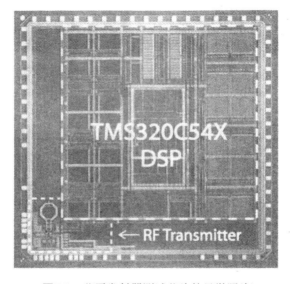

图7.3　蓝牙发射器测试芯片的显微照片

　　图7.4是位于左下角的RF发射区的晶圆显微照片。它的面积只有0.54mm²大小，这是迄今为止报道过的最小的晶圆显微照片。LC谐振电感器占据了270μm×270μm大小，而且作为整个芯片上最大的单一组件，LC谐振电感器清晰可辨。合成的RF输出通过E类功率放大器（PA）来缓冲到外部端子，而这被选作其支持数字型特征。这张照片显而易见地说明了在数字逻辑方面，高密度的现代CMOS工艺的常规RF元件方面的高成本，同时说明了RF合成器的数字实现带来的好处。这为将传统的RF组件的数量最小化和研究RF功能的新颖数字集成架构提供了额外诱导因素。

　　测试芯片粘结且封装在一个80ball、5×5mm的MicroStar Junior球栅阵列（BGA）里。

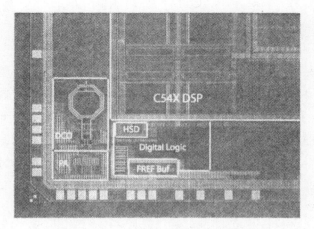

图7.4 芯片中心左下角的RF发射区域的显微照片

7.4 评估板

图7.5是一个评估板的照片。印刷电路板（PCB）是由六层标准FR4材料所构成的。测试芯片就位于它的中心位置。2.4GHz的RF输出，13MHz的频率基准（FREF）输入，还有其重定时输出（BBCLK），是用SMA连接器所连接起来的，这种SMA连接器提供0~10 GHz具有低反射和恒定的50Ω阻抗的宽带性能。右手侧的连接器将评估板连接到PC接口电路板（未表示出），其目的在于通过用图形用户界面（GUI）的计算机程序或通过Code Composer™来读出和编写寄存器这一方法来控制测试芯片。

图7.5 评估板

7.5 测量器件

RF输出和频率基准输入用带有50Ω特性阻抗的SMA连接器连接起来。采用偏移频率20kHz具有大约−140 dBc/Hz的相位噪声的HP8662A合成器信号发生器来提供基准输入。RF输出端口连接到一个HP8563E频谱分析仪。闭环PLL的相位噪声使用一个HP8567A相位噪声测量工具来进行测量。眼图测量和调制频谱均为罗德与施瓦茨（R&S）FSIQ-7信号分析仪所提供。测量系统在内部建立了一个法拉第笼，其阻断了几乎所有存在于周围环境中的RF信号。

7.6 GFSK 发射器性能

图7.6证明相关算法的有效和正确的操作，此算法由通过显示一个带有1Mb/s GFSK调制的2.4GHz蓝牙RF信号的FM解调的TX输出端口提出。伪随机调制数据的眼图表示在图7.6中。数据用R&S信号分析仪采集，而R&S信号分析

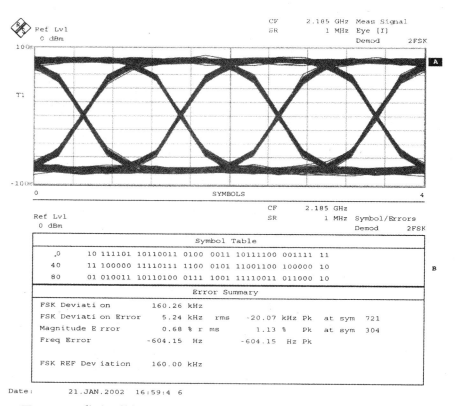

图7.6 PN9伪随机数据的眼图，2185 MHz，BW=4 kHz，室温，使用统计测量

仪进行降频变换，FM解调，然后用图形表示，并用伪随机数据来进行各种统计分析。y轴是来自载波的频率偏差，而x轴是以1μs符号为单位的时间进程。仪器的时基从外部与符号发生器同步以避免跳周。峰峰值的频率偏差被测定为320.52kHz，这是非常接近320kHz的理论值，而该理论值被计算为0.32倍1Mb/s的数据速率频率的调制指数。它也显示出86% ~ 87%这样一个很宽的眼图开口率（蓝牙规格为≥80%），这是所期望的无差错符号检测和很窄的过零点，而这正是所需要的符号定时和符号同步。

图7.7展示出了一个类似的曲线图，但它是一种"111101010000"的确定性位模式，而不是一个伪随机序列。它对很少ISI（"1111"和"0000"）区域展示了较高的频率偏差，且对多数ISI（"0101"）区域展示了较少的频率偏差。这些区域内的平均频率偏差的比例是蓝牙认证测试的一部分，并且应当大于80%。该图形显示，它很容易就能够满足84%的值。

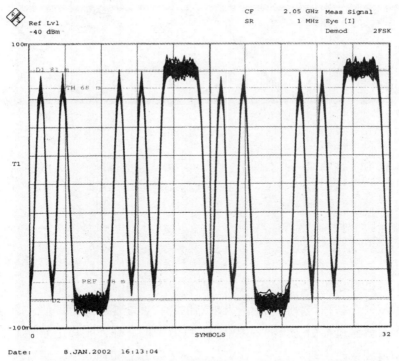

图7.7 111101010000重复模式的解调图（$f_{2,avg}$和$f_{1,avg}$=84%≥80%的比例）

图7.8中，眼图和TX频谱图显示出了超过蓝牙技术规范中的巨大幅度以及不失真，这是由于不精确的K_{DCO}估计导致的。这也表明了数据调制路径的宽传递函数。在下边的图形中所展示的眼图开口需要的是无误差的符号检测，然而很窄的

过零点需要的是符号定时和同步。

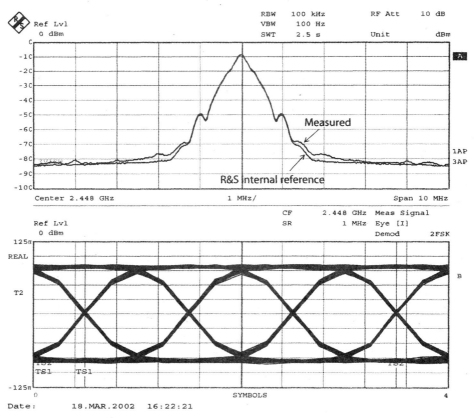

图7.8 GFSK眼图和TX频谱使用R&S FSIQ–7信号分析仪来测量1Mb/s的伪随机蓝牙数据。频谱与仪表质量R&S蓝牙内部参考源比较

7.7 合成器性能

合成器的性能涉及一种GFSK发射器在它未调制的状态下操作，使得仅仅只有一个载波存在。在这种模式下，发射器的噪声性能能够进行评估，确保它足够低以维持在调制过程中适当的带内SNR，并且要防止任何来自带外的干扰。这种模式在信道频率改变时（无论是用户发起的还是在跳频期间）都非常活跃，因为数据的传送被禁用了。未调制状态也将被用于当频率合成器作为一个LO接收器使用的时候。在1.1.1节中所定义的闭环振荡器的输出电压功率谱密度$S_x(f)$在图7.9中展示出1MHz的宽频率范围，而在图7.10中展示出100 kHz的窄频率范围。从图7.10可以看出，高达约10kHz闭环带宽的近载波相位噪声的抑制是容易看见的。

我们能够估计实际的相位噪声（只要该小角度准则不违反），测量关于载波的相对噪声水平，并补偿该频谱分析仪的有限分辨率带宽（RBW）。在这种情况下，近噪声水平在235dBc上，而RBW是1kHz，所以估计的相位噪声是

$$\mathcal{L}\{\Delta f\} = -35\text{dBc} - 10\log(1\text{kHz}) = -65\text{dBc/Hz} \tag{7.1}$$

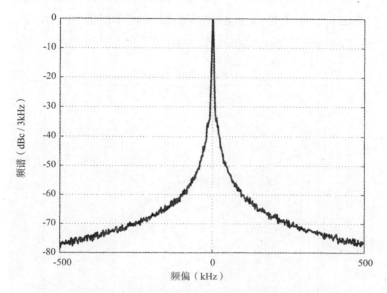

图7.9 测得的合成器输出频谱（宽范围）（分辨率带宽 = 3kHz）

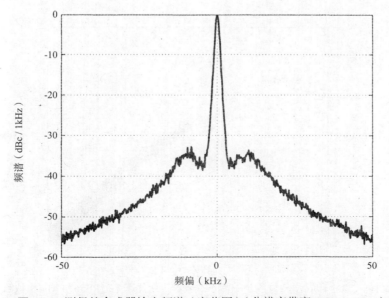

图7.10 测得的合成器输出频谱（窄范围）（分辨率带宽RBW = 1kHz）

图7.11（上图）利用在配有8kHz的环路带宽的I型全数字锁相环（ADPLL）中运行的DCO振荡器来展示出所测量的合成器的相位噪声频谱。在区域100Hz至100kHz的综合相位噪声为2.07°rms。参考频率为13MHz，输出频率为$13 \times 153 = 1989$MHz。RF功率电平为4dBm（2.5mW）。图形集中在上变频的热能和$1/f$区（图1.4）。环路滤波器中的频率成分经过20dB/decade衰减，使得上变频的热噪声平缓，而上变频的$1/f$噪声的贡献则表现为10dB/decade的倾斜。2112dBc/Hz的相位噪声读数在500kHz偏差证实了式（6.7）成立。图7.11（下图）

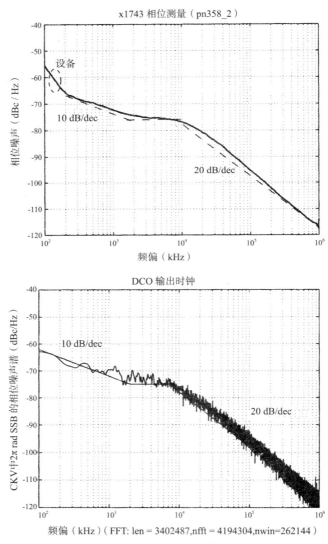

图7.11 配有DCO的合成器相位噪声显示：（上图）使用配有HP85671A的相位噪声工具的HP8563E频谱分析仪进行测量；（下图）进行仿真（来自参考文献［3］，©2005 IEEE.）

显示的仿真相位噪声非常接近测量的结果，这就证明了所述模型和仿真方法的有效性。

7.8　合成器开关瞬态

图7.12是对ADPLL的时域操作的深度解析。一个简单的DSP程序通过三种操作模式来执行ADPLL，同时观察在RF输出的实际频率偏差。观察使用罗德与施瓦茨（Rohde & Schwarz）FSIQ-7信号分析仪来操作，它将蓝牙RF信号解调转换成基带，并且在y轴上表示检测到的瞬时频率偏差。y轴的刻度是每格300kHz。x轴是以1μs符号为单位的时间进程，刻度为每格约20μs。

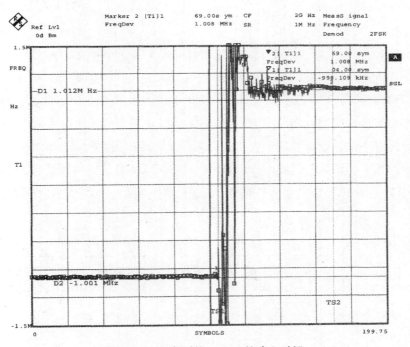

图7.12　观察到的ADPLL的建立时间

初始频率偏差为2MHz。接下来的是预先设定的时标序列：（1）PVT模式可在5μs内操作，（2）获取模式可在25μs内运作，（3）快速追踪模式可在18μs内运作，（4）普通追踪模式在剩余时间内启动运作。该图显示出，在上面所描述的配置中，所观察的建立时间为每2MHz跳跃需要大概50μs。DSP程序的性能并没有被优化，并且期望能够实现一个类似于图6.12中的仿真所指示的这样一个采集速度。50μs的数据仍然比所报道出来的那些传统RF锁相环要好上几倍。

7.9 DSP驱动调制

DSP和数字RF之间存在着紧密的运作上的整合，而作为这样一种整合的示范，一个程序被用来执行发射器的一个软件GSM调制，而不是使用用于蓝牙调制的专用硬件。

在离散时间域中，高斯滤波器的脉冲响应$h[k]$表示为：

$$h[k] = \frac{\sqrt{2\pi}}{\sqrt{\ln(2)}} \frac{BT_s}{T_s} \exp\left[-\left(\frac{\sqrt{2}\pi}{\sqrt{\ln(2)}} BT_s \frac{k}{OSR}\right)^2\right] \qquad (7.2)$$

其中，B是3dB的带宽，T_s是符号周期，$OSR=f_R/(1/T_s)$是通过参考时钟的符号过采样比。对于GSM而言，$BT_S = 0.3$，$T_S = 3.692\mu s$，而峰值RF频率偏差则为67.71kHz。

GSM符号率$1/T_S$是270.833kbits/s。在13MHz的参考频率上，符号过采样比恰好是48(=13MHz/270.833kHz)，这就意味着48FREF样品代表着一个符号。伪随机数据序列在软件中正在被预先计算且在RAM中储存。在发射器调制期间，DSP每六个FREF时钟周期就向FCW读取并对其添加新的样品，所以实际上的过采样比率是8，而这是相当足够的。GSM的GMSK调制数据的功率频谱如图7.13所示。GSM掩模在频率偏移比载波小300kHz的情况下得到满足。遗憾的是，因为XIO数据在这个芯片中不能被送入在两点调试方式中的ADPLL，如5.1节中所描述的

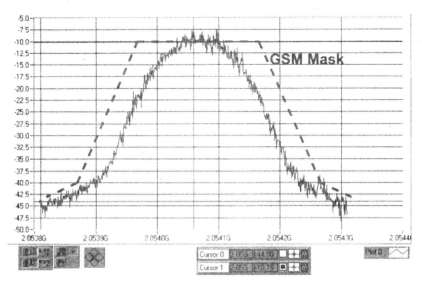

图7.13 所测量的DSP驱动GSM调制的输出功率谱，该功率谱带有更高频率成分的环路衰减

那样，更高频率的频谱成分通过8kHz带宽的单极环路衰减而滤波。通过预加重更高频率（因为ADPLL的数字特性，ADPLL的传递函数几乎完全准确），以延长传递函数的平坦部分，这样进行预失真是非常可行的，如参考文献［29］中所报告的那样。但是，这个任务是超出了本书的范围的。

7.10 性能总结

表7.2总结了所测量的关键发射器的性能参数，其中一些是以已出现的信息为基础。如表7.3中所示，总的电流消耗是49.5mA。它包括了在轻度至中度负荷下的DSP。

表7.2 关键发射器性能实测

相位噪声	≤−114 dBc/Hz at 500 kHz
假性音调	≥−62.5 dBc（with antenna filter）
DCO 频率推移	600 kHz/V
PA 输出功率	4 m W at 50−Ω load
Rms 相位误差	2.06°
ADPLL 建立时间	≤50μs

表7.3 1.55V供电的电流消耗

电 路	供 给	电 流（mA）
低速数字 +DSP	VDD	12.7
高速数字	VDD-HS	12.8
振荡器	VDD-OSC	2.8
无振荡器 RF	VDD-RF	21.2
总 计		49.5

7.11 总 结

在本章中，提出了一些操作中的细节和实验的结果，并且验证了在蓝牙发射器的目标应用中的全数字RF频率合成器的实用性。眼图和调制频谱显示出了发射器的优异性能；相位噪声和合成器的毛刺信号可以使它成为接收器中本地振荡器的一个很好的选择。它的开关速度非常快，使得它适用于采用通道跳频的现代通信设备。它的功耗是非常低的，因此使得它非常适合用于利用电池供电的移动部件。

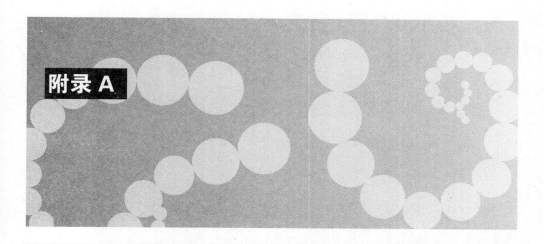

A.1　DCO切换引起的杂散

假设一个正弦调制信号，

$$g(t) = g_{pk} \cos w_m t \qquad (A.1)$$

对于调频（FM）而言，该瞬时频率ω_i是调制信号乘以调频常数k_f再加上载波频率ω_c所得出的：

$$\omega_i(t) = \omega_c + k_f g(t) = \omega_c + g_{pk} k_f \cos w_m t \qquad (A.2)$$

下面定义一个新的常数，该常数被称为峰值频偏：

$$\Delta\omega_{pk} = g_{pk} k_f \qquad (A.3)$$

我们可以重写等式（A.2）为

$$\omega_i(t) = \omega_c + \Delta\omega_{pk} \cos w_m t \qquad (A.4)$$

这个FM信号的相位是

$$\theta(t) = \omega_c t + \frac{\Delta\omega_{pk}}{\omega_m} \sin w_m t = \omega_c t + \beta \sin \omega_m t \qquad (A.5)$$

而这时候

$$\beta = \frac{\Delta\omega_{pk}}{\omega_m} \qquad (A.6)$$

是一个峰值频偏与调制频率的无量纲比值。

所得出结果的信号是

$$s_{\text{FM}}(t) = A\cos(\omega_c t + \beta\sin\omega_m t) \tag{A.7}$$

式（A.7）经过三角函数展开之后可改写为：

$$s_{\text{FM}}(t) = A\cos\omega_c t\cos(\beta\sin\omega_m t) - A\sin\omega_c t\sin(\beta\sin\omega_m t) \tag{A.8}$$

而对于 β 的小值（窄带FM调制），可以做出如下的近似运算：

$$\cos(\beta\sin\omega_m t) \approx 1 \tag{A.9}$$

$$\sin(\beta\sin\omega_m t) \approx \beta\sin\omega_m t \tag{A.10}$$

将这些代入到式（A.8）中，可得到了一个小 β 的近似解：

$$s_{\text{NBFM}}(t) = A\cos\omega_c t - \beta A\sin\omega_m t\sin\omega_c t \tag{A.11}$$

扩展式（A.11）变成相量形式，就得到

$$s_{\text{NBFM}}(t) = \Re\left\{Ae^{j(\omega_c t)}(1 + j\beta\sin\omega_m t)\right\} \tag{A.12}$$

$$= \Re\left\{Ae^{j(\omega_c t)}\left(1 + \frac{1}{2}\beta e^{j\omega_m t} - \frac{1}{2}\beta e^{-j\omega_m t}\right)\right\} \tag{A.13}$$

从式（A.12）中可清楚地看到，一个窄带的频率调制信号的功率谱密度，是由连续波载波频率再加上两个边带得出的，ω_m 和 $20\log\frac{1}{2}\beta$ 的分贝低于载波。

A.2　DCO调制引起的杂散

　　将一个窄带FM调制的上述分析应用到具体情况中，这种情况是一种抖动 LC 振荡电路的振动频率，而这又是通过数字控制来切换单元电容器的值来实现的。当这种控制信号为高值的时候，电容器的值是 C_{on}，振荡频率则是：

$$f_{\text{osc},h} = \frac{1}{2\pi\sqrt{LC_{\text{on}}}} \tag{A.14}$$

同样地，当控制信号为低值的时候，电容器的值是 C_{off}，振荡频率则为：

$$f_{\text{osc},l} = \frac{1}{2\pi\sqrt{LC_{\text{off}}}} \tag{A.15}$$

高值与低值振荡频率之间的差是

$$\Delta f_{\text{pp}} = f_{\text{osc},h} - f_{\text{osc},l} \tag{A.16}$$

峰值角频率的偏差是

$$\Delta\omega_{pk} = 2\pi \frac{\Delta f_{pp}}{2} \tag{A.17}$$

调制信号的频率为ω_m。

到这里为止，窄带调频分析在式（A.1）中假定了一个正弦调制信号为$g(t)$。然而，切换一个小单元尺寸电容开与关的调频功能，显然是一个矩形波[$g_{rect}(t)$]，而这个矩形波被假定为有统一的峰与峰之间的振幅：

$$\Delta\omega(t) = \Delta\omega_{pp} \cdot g_{rect}(t) \tag{A.18}$$

还带有下面的零均值三角傅里叶级数分解：

$$g_{rect}(t) = \sum_{n=1}^{\infty} a_n \cos n\omega_m t \tag{A.19}$$

在这个等式中

$$a_n = 2 \cdot \frac{\tau}{T} \sin c \frac{n\pi\tau}{T} \tag{A.20}$$

这是第n个三角傅里叶级数表示的系数，而 $\sin\ x \equiv (\sin x)/x \cdot T = 2\pi/\omega_m$ 和τ分别为矩形波的周期和它的开启时间。对一个对称方波的特例而言，$\tau=1/2$代入式（A.19）中变成

$$g_{square}(t) = \sum_{n=1.odd}^{\infty} \frac{2}{\pi} \frac{1}{n} \sin n\omega_m t \tag{A.21}$$

第n次谐波的调制指数现在已经做出了调整，此调整是为了一个矩形开关波的傅里叶级数分解而做出的：

$$\beta_n = \frac{a_n}{n} \frac{\Delta\omega_{pp}}{\omega_m} \tag{A.22}$$

在大多数情况之下，特别是在一个平衡占空比当中，只有基波分量才会真正起到影响作用。

在2.4GHz深亚微米CMOS工艺中，它的频率调制波$g_{rect}(t)$实际上是一个梯形波形，但是它有非常尖锐边缘变换。

【例1】通过在600 MHz的时钟频率上的Δf_{pp}=23kHz来考虑一个开关振荡频率的例子。再在傅里叶级数分解中考虑第一谐波，而这里的傅里叶级数分解的峰值振幅为矩形波峰峰幅度的2/π倍。调制频率是时钟方向开关频率的二分之一（例

如，$f_m = \omega_m/2\pi = 300\text{MHz}$ ）：

$$\beta_1 = a_1\frac{\Delta f_{pp}}{f_m} = \frac{2}{\pi}\frac{23\text{ kHz}}{600\text{ MHz}/2} = 4.88\times10^{-5} \qquad （\text{A.23}）$$

这样在振荡频率的两侧就产生了300MHz的杂散，它们的功率电平是

$$20\log\frac{\beta_1}{2} = -92.3\text{dB}$$

这是相对于载波而言的。

在杂散电平之上的-92.2dBc（在dBc中的"c"代表的是"相对于载波而言"）对应的是DCO以最高可能频率连续高频振动的情况。显然，这不是一个合乎实际的例子。事实上，ΣΔ高频振动会随机化寄生能量并且将它模糊在背景当中。

【例2】下面考虑这样一种情况：执行相同的开关，但是FREF频率为13MHz：

$$\beta_1 = \frac{2}{\pi}\frac{23\text{ kHz}}{13\text{ MHz}/2} = 2.25\times10^{-3}$$

并且这时候的杂散功率电平要高得多：

$$20\log\frac{\beta}{2} = -59.0\text{dB}$$

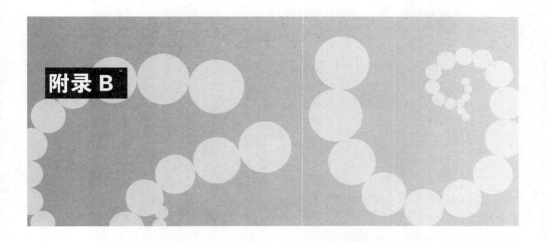

附录 B

B.1　高斯脉冲整形滤波器

高斯低通滤波器具有由以下等式给定的传递函数

$$H(f) = \exp\left(-\alpha^2 f^2\right)$$ （B.1）

参数α是与B有关的，而B是基带高斯整形滤波器的3dB带宽。

它通常都是用一个归一化的3dB带宽符号时间乘积来表示（BT_s）：

$$\alpha = \frac{\sqrt{\ln(2)}}{\sqrt{2}} \frac{T_s}{BT_s}$$ （B.2）

随着α的增加，高斯滤波器的频谱占用率减小，且脉冲响应传播到相邻的符号中，从而导致ISI在接收器中增加。而在连续时域中该高斯滤波器的脉冲响应是由下列等式给出：

$$h(t) = \frac{\sqrt{\pi}}{\alpha} \exp\left[-\left(\frac{\pi}{\alpha}t\right)^2\right]$$ （B.3）

该等式可以很容易地被重新变换为式（B.4），这样做是为了揭示其与范式的契合，而这种范式是一种带有标准偏差的零均值高斯随机变量$\sigma_h = \alpha/\sqrt{2}\pi$：

$$h(t) = \frac{1}{\sqrt{2\pi}\,(\alpha/2\pi)} \exp\left[-\frac{t^2}{2\left(\alpha/\sqrt{2}\pi\right)^2}\right]$$ （B.4）

它的积分从$-\infty$到∞这个区间内，当然是1。现在来表示在离散时间区域内的高斯滤波器。让$t_0 = T_s/\text{OSR}$作为符号周期的整数过采样，而$t=kt_0$中，k是样本指

数，则该离散时间的脉冲响应变成

$$h(kt_0) = \frac{\sqrt{\pi}}{\alpha} \exp\left[-\left(\frac{\pi}{\alpha} kt_0\right)^2\right] \tag{B.5}$$

代入式（B.2）中，去掉对t_0的依赖性，得出结果

$$h[k] = \underbrace{\frac{\sqrt{2\pi}}{\sqrt{\ln(2)}} \frac{BT_s}{T_s}}_{h\max} \exp\left[-\left(\frac{\sqrt{2\pi}}{\sqrt{\ln(2)}} BT_s \frac{k}{OSR}\right)^2\right] \tag{B.6}$$

式（B.6）中的第一个因子是脉冲频率响应的峰值：

$$h_{\max} = \frac{\sqrt{\pi}}{\alpha} = \frac{\sqrt{2\pi}}{\sqrt{\ln(2)}} \frac{BT_s}{T_s} \tag{B.7}$$

对于蓝牙，在$BT_s = 0.5$和$T_s = 1\mu s$的情况下，可得到$h_{\max} = 1.5054 MHz$。对于GSM，在$BT_s = 0.3$和$T_s = 3.692\mu s$的情况下，得到$h_{\max} = 244.62 MHz$。

对于在第5章中所描述到的原因来说，操作累积系数是一个更为有效的方法

$$C[k] = \sum_{l=0}^{k-1} h[l] \tag{B.8}$$

而该系数是可以被预先计算并储存在一个参照表中，同时以$k = 0 \cdots OSR - 1$为指数。$C[k]$的最小值是近似为零的，而它的最大值大约是1，这是因为等式（B.4）的积分是归一的。

图B.1显示出了脉冲$h[k]$、阶跃$C[k]$和双比特响应（阶跃与符号延迟阶跃响应之间的差别），而这些都是来自于蓝牙GFSK滤波器（$BT_s = 0.5$），且它是带有四个符号长，而每个符号都是按8过采样。

同样地，图B.2表示的是GSM GMSK滤波器（$BT_s = 0.3$）中的脉冲、阶跃和双比特响应，并且该滤波器是带有四个符号长，每个符号也都是按8过采样。它揭示了比蓝牙情况下还要多得多的符号间的干涉（ISI）。

图B.3和图B.4显示的是蓝牙和GSM滤波器的频率响应，具有3，4，5个符号的不同滤波器长度。对于调制输出频谱的精度制约与相邻信道的频率成分的充分衰减来说，一个有着三个符号的滤波器长度是完全足够的。然而，由于较高的ISI的量以及对于调制输出频谱的更严格的要求，GSM标准滤波器将需要至少四个符号的滤波器长度。

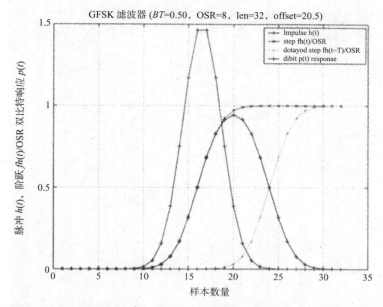

图B.1 四个符号长的蓝牙GFSK滤波器的时间响应（$BT_s = 0.3$, OSR $= 8$）

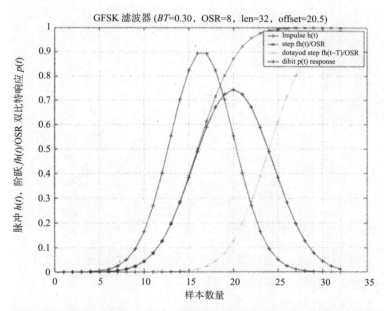

图B.2 四个符号长的GSM GMSK滤波器的时间响应（$BT_s = 0.3$, OSR $= 8$）

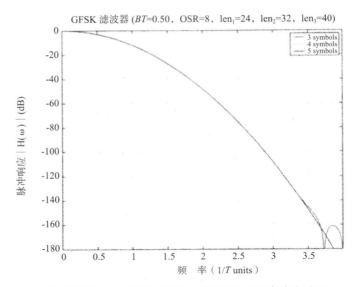

图B.3　3，4，5个符号的滤波器长度的蓝牙GFSK滤波器的频率响应（$BT_S = 0.5$，OSR = 8）

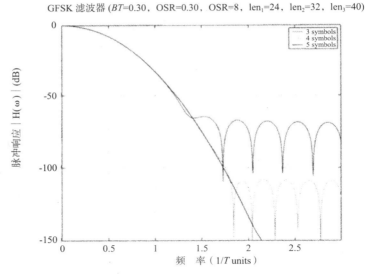

图B.4　3，4，5个符号的滤波器长度的GSM GMSK滤波器的频率响应（$BT_S = 0.3$，OSR = 8）

　　图B.5是具有伪随机输入数据的基带GMSK滤波器输出FCW与RF端口R$\{ej\ \theta\}$的频谱，而在这当中

$$\Delta f\,[k] = \text{FCW}\,[k]\,\frac{f_{\text{R}}}{2^{w_{\text{F}}}} \tag{B.9}$$

　　并且

$$\theta\,[k] = \frac{2\pi}{\text{OSR}} \sum_{l=0}^{k-1} \Delta f\,[k] \tag{B.10}$$

GFSK 滤波器 (*BT*=0.30，*h*=0.50，OSR=96，*M*=5，lenx=5000) (17-Mar-2004 19:18:37)

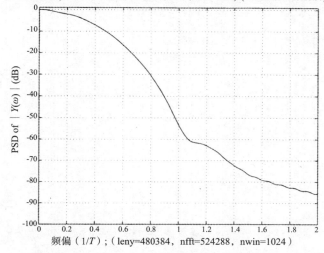

频偏（1/*T*）；(leny=480384, nfft=524288, nwin=1024)

GFSK 滤波器 (*BT*=0.30，*h*=0.50，OSR=96，*M*=5，lenx=5000) (17-Mar-2004 19:18:37)

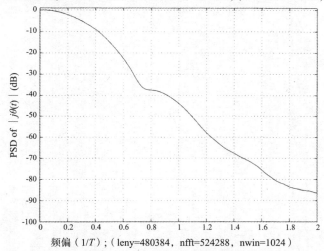

频偏（1/*T*）；(leny=480384, nfft=524288, nwin=1024)

图B.5 带有伪随机输入的GMSK滤波器输出的基带（上图）和射频（下图）频谱（5个符号长，$BT_s = 0.3$，OSR = 96）

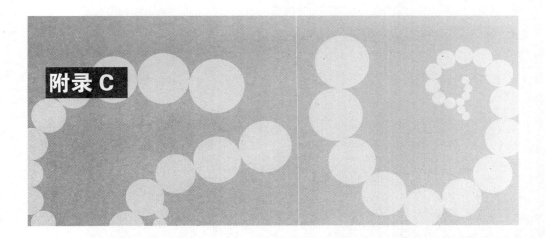

C.1 DCO LEVEL2

这个VHDL代码涉及第6.5.5章节中的DCO模型记述。DCO LEVEL2的实体定义声明是在行18到39之间。而VHDL的泛型，或者说是阐述相位的参数常数的声明在行19到30之间。而程序段的I/O信号的端口声明则在行31到39之间。另外，描述程序段的行为结构开始于第42行。行43至49声明内部信号。行56至61说明在图6.10的左侧中的合并操作的DCO变容二极管。而周期是为行67至81之间的上限以及下限做计算和做检查的。最后，周期控制振荡器（PCO）引擎在行87至98之间被实例化。

```
 1   ------------------------------------------------
 2   --
 3   -- Digitally controlled Oscillator, dco_l2.vhd
 4   --
 5   ------------------------------------------------
 6   -- (C) Robert B. Staszewski, Texas Instruments Inc
 7   ------------------------------------------------
 8
 9   library ieee;
10     use ieee.std_logic_1164.all;
11
12   library rf;
13     use rf.components_common.src_pco_c;
14
15   entity dco_l2 is
16     generic (
17       DCO_PER_0      : time := 417 ps;     -- period of center freq.
18       DCO_PEROFF_LIM : time := 83 ps;    -- maximum period deviation
19       DCO_TIME_RES   : time := 1 fs;      -- finest time resolution
20       DCO_QUANT_P    : positive := 402;
21       DCO_QUANT_A    : positive := 80;
```

```
22      DCO_QUANT_T     : positive := 4;           -- (DCO_TIME_RES units)
23      DCO_INIT_DLY    : time := 0 ns;     -- initial oscillation delay
24      DCO_WRMS        : time := 0 ps;-- accumulative jitter (wander)
25      DCO_JRMS        : time := 0 ps;        -- nonaccumulative jitter
26      SEED            : integer := -1          -- time-based, if < 0
27    );
28    port (
29      dco_in_p   : in integer;
30      dco_in_a   : in integer;
31      dco_in_ti  : in integer;
32      dco_in_tf  : in integer;
33      mat_pdev   : out time := 0 ns;         -- DCO period deviation
34      ckv        : out std_logic      -- digitized DCO clock output
35    );
36  end;
37  ---------------------------------------------------------------------
38
39  architecture behav of dco_l2 is
40    signal mat_quant_p: integer;
41    signal mat_quant_a: integer;
42    signal mat_quant_ti: integer;
43    signal mat_quant_tf: integer;
44    signal mat_quant_ls: integer;                    -- low-speed terms
45    --
46    signal mat_per: time := DCO_PER_0;    -- period of oscillation
47  begin
48
49  ---------------------------------------------------------------------
50  -- Calculate the tuning input (w/o tracking fractional part)
51  ---------------------------------------------------------------------
52
53    mat_quant_p <= dco_in_p * DCO_QUANT_P;
54    mat_quant_a <= dco_in_a * DCO_QUANT_A;
55    mat_quant_ti <= dco_in_ti * DCO_QUANT_T;
56    mat_quant_tf <= dco_in_tf * DCO_QUANT_T;
57    mat_quant_ls <= mat_quant_p + mat_quant_a + mat_quant_ti;
58
59  ---------------------------------------------------------------------
60  -- Calculate the period
61  ---------------------------------------------------------------------
62
63    process (mat_quant_tf, mat_quant_ls)
64      variable mat_pdev_var: time;
65    begin
66      mat_pdev_var := DCO_TIME_RES * (mat_quant_tf + mat_quant_ls);
67      --
68      -- limit the oscillation period
69      if mat_pdev_var > DCO_PEROFF_LIM then
70        mat_pdev_var := DCO_PEROFF_LIM;
71      elsif mat_pdev_var < -DCO_PEROFF_LIM then
72        mat_pdev_var := -DCO_PEROFF_LIM;
73      end if;
74      --
75      mat_pdev <= mat_pdev_var;
76      mat_per <= DCO_PER_0 - mat_pdev_var;
```

```
77    end process;
78
79    ------------------------------------------------------------
80    -- Computationally efficient period-controled oscillator
81    ------------------------------------------------------------
82
83     xpco: src_pco_c
84       generic map (
85         INIT_DELAY => DCO_INIT_DLY,
86         WANDER_RMS => DCO_WRMS,
87         JITTER_RMS => DCO_JRMS,
88         SEED       => SEED
89       )
90       port map (
91         period0 => mat_per,
92         clk     => ckv,
93         clk2    => open
94       );
95
96   end;
97    ------------------------------------------------------------
98   -- end of dco_12.vhd
```

C.2 周期控制振荡器

此VHDL代码涉及C.1节中所提到过的PCO。类型（行28）的输入端口"period0"在下一个循环中控制振荡周期。"smp"内部信号用来控制事件活动，并且由它来建立下一个时间戳（行82）。它也被用来安排时钟（行77）上升和下降的次数。抖动和漂移的值随着每一个时间戳分别添加在行58至67和行68至76中。

```
1    ------------------------------------------------------------
2    --
3    -- Period-controlled Oscillator, src_pco_c.vhd
4    --
5    -- Includes jitter.
6    -- Includes wander (random walk).
7    -- Uses foreign-C subroutine for Gaussian random number generator.
8    --
9    ------------------------------------------------------------
10   -- (C) Robert B. Staszewski, Texas Instruments Inc
11   ------------------------------------------------------------
12
13   library ieee;
14     use ieee.std_logic_1164.all;
15     use ieee.math_real.all;
16   library rf;
17     use rf.sub_rand.all;
```

```
18
19  entity src_pco_c is
20    generic (
21      INIT_DELAY : time := 0 ns;
22      WANDER_RMS : time := 0 ps;              -- set to >0 at the top level
23      JITTER_RMS : time := 0 ps;             -- set to >0 at the top level
24      SEED       : integer := -1              -- time-based seed, if < 0
25    );
26  port (
27    period0 : in time;
28    en      : in std_logic := '1';
29    clk     : out std_logic := '0';
30    clk2    : out std_logic := '0'
31    );
32  end entity;
33  ------------------------------------------------------------------------
34
35  architecture behav of src_pco_c is
36    signal smp: bit := '0';                                        -- tick
37    -- internal measurement signals
38    signal period_s: time := 0 ns;
39    signal tdiff_s: time := 0 ns;        -- diff between actual and ref sample
40  begin
41    process (smp, en) is
42      variable initial: boolean := true;
43      variable tref: time := 0 ns;               -- reference sample time
44      variable jitter: time := 0 ns;         -- instantaneous jitter value
45      variable jitter_prev: time := 0 ns;
46      variable wander: time := 0 ns;         -- instantaneous wander value
47      variable period: time := 0 ns;            -- the current clock period
48      variable s1: integer := SEED;
49      variable randvar: real;
50    begin
51      if not initial and en='1' then
52        -- find time difference between actual and referenced samples
53        tdiff_s <= now - tref;
54        tref := tref + period0;
55        -- adjust the next VC0 period
56        period := period0;
57        if JITTER_RMS /= 0 ns then
58          -- add Gaussian-distributed jitter
59          sub_randn(randvar);
60          jitter := randvar * JITTER_RMS;
61          if abs(jitter) >= period/2 then              -- check if an outlier
62            jitter := 0 ns;
63          end if;
64          period := period + jitter - jitter_prev;
65          jitter_prev := jitter;
66        end if;
67        if WANDER_RMS /= 0 ns then
68          -- add Gaussian-distributed wander
69          sub_randn(randvar);
70          wander := randvar * WANDER_RMS;
71          if abs(wander) >= period/2 then              -- check if an outlier
72            wander := 0 ns;
```

```
73        end if;
74          period := period + wander;
75        end if;
76        clk <= '1', '0' after period/2;              -- clock with 50% duty cycle
77        -- half-rate clock
78        if smp = '0' then   clk2 <= '0';
79        else                clk2 <= '1';
80        end if;
81        smp <= not smp after period;
82        period_s <= period;
83      else
84        sub_randomize_i(s1);
85        sub_randomize_o(s1);
86        period := period0;              -- the initial time period is period0
87        tref := INIT_DELAY;          -- mark the first transition as reference
88        clk <= '0';                      -- the initial clock output is low
89        clk2 <= '0';                     -- the initial clock/2 output is low
90        smp <= transport '1' after INIT_DELAY;         -- first transition
91        initial := false;
92        period_s <= period;
93      end if;
94    end process;
95  end architecture;
96  ---------------------------------------------------------------------
97  -- end of src_pco_c.vhd --
```

C.3 战术触发器

此VHDL代码涉及6.6节中的触发器模型描述。触发器在一个具有相同概率的随机逻辑低电平或者高电平下通电。这个通电过程在行53至62之间进行。在正常运行的过程中，在时钟（行65）的上升沿，输入电平被采样（行69）并且在TD_Q的一个适当的延迟之后，它在互补输出端口（行81和87）中被激活。对D数据输入和CLK之间的亚稳态检测在行67中进行。如果该数据在时钟之前并且在某一窗口T_SU范围内进行变化，那么X将会在输出中产生。

"translate_on"和"translate_off"的编译指令将非综合行为代码从合成工具中隐藏，但却保持它对VHDL仿真器的可见性。"dc_script_begin"和"dc_script_end"的编译指令给SYNOPSYS设计编译器传达了特殊的非VHDL信息。在这种情况下，它们指定要使用的具体触发器和库位置。

```
1  ---------------------------------------------------------------------
2  --
3  -- Single-bit register with complementary outputs.
4  -- (Detects metastability.)
5  -- (Randomizes the power-up value of the registers.)
```

```
6  --
7  ----------------------------------------------------------------
8  -- (C) Robert B. Staszewski, Texas Instruments Inc
9  ----------------------------------------------------------------
10
11 library ieee;
12   use ieee.std_logic_1164.all;
13
14 -- pragma translate_off
15 library rf;
16   use rf.sub_rand.all;
17 -- pragma translate_on
18
19 entity DTT01 is
20   -- pragma translate_off
21   generic (
22     SEED : integer := -1;                    --time-based, if < 0
23     T_SU : time := 0 ps;
24     TD_Q : time := 0 ps
25   );
26   -- pragma translate_on
27   port (
28     D   : in std_logic;
29     CLK : in std_logic;
30     Q   : out std_logic;
31     QZ  : out std_logic.
32   );
33   -- pragma dc_script_begin
34   -- set_register_type -exact -flip_flop DTT01
35   -- remove_attribute GS40_DTT01_W_115_1.35_CORE.db/DTT01 dont_use
36   -- pragma dc_script_end
37 end;
38 ----------------------------------------------------------------
39
40 architecture rtl of DTT01 is
41   signal qq: std_logic;
42 begin
43
44   process (CLK)
45     -- pragma translate_off
46     variable s1: integer := SEED;
47     variable initial: boolean := true;
48     variable randvar: natural;
49     -- pragma translate_on
50   begin
51     -- pragma translate_off
52     if initial then
53       sub_randomize_i(s1);
54       sub_randomize_o(s1);
55       sub_randb(randvar);
56       if randvar=0 then
57         qq <= '0';
58       else
59         qq <= '1';
60       end if;
```

```
61          initial := false;
62        elsif now > 0 ns then
63          -- pragma translate_on
64          if CLK'event and CLK='1' then
65            -- pragma translate_off
66            if D'last_event >= T_SU then
67              -- pragma translate_on
68              qq <= D;
69              -- pragma translate_off
70            else
71              qq <= 'X';
72            end if;
73            -- pragma translate_on
74          end if;
75          -- pragma translate_off
76        end if;
77        -- pragma translate_on
78      end process;
79
80      Q <= qq
81      -- pragma translate_off
82      after TD_Q
83      -- pragma translate_on
84      ;
85
86      QZ <= not qq
87      -- pragma translate_off
88      after TD_Q
89      -- pragma translate_on
90      ;
91
92    end;
93    ----------------------------------------------------------------
94    -- end of DTT01.vhd
```

C.4 TDC伪测温仪输出解码器

　　此VHDL代码涉及6.6节中所描述的TDC输出向量解码器模型。来自TDC的48位输入向量，因为"强制未知数"（X）在行76中逐位被检测。如果被检测到，那么一个有着相同的概率的逻辑电平0（行78）或者1（行79）将会被代替使用。因此，主进程将使用一个已经解决的输入向量（行99至152）。行107至123则执行一个组合逻辑（该逻辑终止于一个在行105中的锁存器），而该逻辑是一个通过检测上升沿和下降沿的数字沿转换来优先解码的逻辑。对周期反演估计的半周期计算在行140和144之间执行。

```
 1  ------------------------------------------------------------------
 2  --
 3  -- Thermometer-code decoder of time-to-digital converter, pf_dec.vhd
 4  --
 5  -- (Combinatorial logic)
 6  -- (Includes edge-skipping compensation)
 7  --
 8  ------------------------------------------------------------------
 9  -- (C) Robert B. Staszewski, Texas Instruments Inc
10  ------------------------------------------------------------------
11
12  library ieee;
13    use ieee.std_logic_1164.all;
14    use ieee.numeric_std.all;
15
16  -- pragma translate_off
17  library rf;
18    use rf.sub_rand.all;
19  -- pragma translate_on
20
21  entity pf_dec is
22    generic (
23      -- pragma translate_off
24      TD_Q : time := 0 ps;
25      SEED : integer   := -1;                    -- time-based, if < 0
26      -- pragma translate_on
27      SELQ : integer   := 4;   -- TDC_Q index used for edge selection
28      DTDC : integer   := 48;          -- latched TDC array bus width
29      WTDC : integer   := 6;           -- decoded TDC output bus width
30    );
31    port (
32      tdc_q    : in std_logic_vector (DTDC downto 1);
33      ckr      : in std_logic;                  -- level-sensitive latch
34      tdc_rise : out unsigned (WTDC-1 downto 0);-- quant. rise delta
35      tdc_skip : out std_logic;        -- skip one full CKV cycle
36      tdc_hper : out unsigned (WTDC-1 downto 0)-- quant. half-period
37    );
38    -- pragma dc_script_begin
39    -- set_driving_cell -cell IV120 all_inputs()
40    -- set_max_fanout 1 {tdc_q}
41    -- create_clock -name CKR -period 20.0 find(port,ckr)
42    -- set_input_delay 0.3 --clock CKR {tdc_q}
43    -- set_fix_multiple_port_nets -all
44    -- pragma dc_script_end
45  end;
46  ------------------------------------------------------------------
47
48  architecture rtl of pf_dec is
49   signal q1: std_logic_vector (DTDC downto 1);
50   constant SLV_0: std_logic_vector (SELQ downto 1):= (others=>'0');
51  begin
52
53  ------------------------------------------------------------------
54  -- Resolve the TDC X's
55  ------------------------------------------------------------------
```

```
56
57  process (tdc_q)
58    -- pragma translate_off
59    variable s1: integer := SEED;
60    variable initial: boolean := true;
61    variable randvar: natural;
62    -- pragma translate_on
63    variable q: std_logic_vector (DTDC downto 1);
64  begin
65    -- pragma translate_off
66    if initial then
67      sub_randomize_i(s1);
68      sub_randomize_o(s1);
69      initial := false;
70    else
71    -- pragma translate_on
72      -- resolve X'es
73      for k in 1 to DTDC loop
74        -- pragma translate_off
75        if tdc_q(k)='X' then
76          sub_randb(randvar);
77          if randvar = 0  then q(k) := '0';
78          elsif randvar=1 then q(k) := '1';
79          end if;
80        else
81        -- pragma translate_on
82          q(k) := tdc_q(k);
83        -- pragma translate_off
84        end if;
85        -- pragma translate_on
86      end loop;
87      --
88      q1 <= q;
89    -- pragma translate_off
90    end if;
91    -- pragma translate_on
92  end process;
93
94  -------------------------------------------------------------------
95  -- Decode and latch
96  -------------------------------------------------------------------
97
98  process (ckr, q1)
99    variable rise: integer range DTDC-1 downto 0;
100   variable fall: integer range DTDC-1 downto 0;
101   variable half_period: integer range DTDC-1 downto 0;
102   variable skip: std_logic;
103  begin
104    if ckr='1' then
105      -- digital rising transition detector
106      rise := 0; - in case not found
107      for k in 2 to DTDC loop
108        if q1(k-1)='1' and q1(k)='0' then
109          rise := k-1;
```

```
110        exit;
111      end if;
112    end loop;
113    -- digital falling transition detector
114    fall := 0;    -- in case not found
115    for k in 2 to DTDC loop
116      if q1(k-1)='0' and q1(k)='1' then
117        fall := k-1;
118        exit;
119      end if;
120    end loop;
121    --
122    tdc_rise <= to_unsigned(rise, WTDC)
123    -- pragma translate_off
124    after TD_Q
125    -- pragma translate_on
126    ;
127    if q1(SELQ downto 1) = SLV_0 then
128      skip := '1';
129    else
130      skip := '0';
131    end if;
132    --
133    tdc_skip <= skip
134    -- pragma translate_off
135    after TD_Q
136    -- pragma translate_on
137    ;
138    -- calculate the oscillator clock instantaneous half-period
139    if rise > fall then
140      half_period := rise - fall;
141    else
142      half_period := fall - rise;
143    end if;
144    --
145    tdc_hper <= to_unsigned(half_period, WTDC)
146    -- pragma translate_off
147    after TD_Q
148    -- pragma translate_on
149    ;
150  end if;
151  end process;
152 end;
153 --------------------------------------------------------------------
154 -- end of pf_dec.vhd
```

参考文献

［1］R. B. Staszewski, Digital deep-submicron CMOS frequency synthesis for RF wirelessapplications, Ph.D. dissertation, University of Texas at Dallas, Aug. 2002.

［2］R. B. Staszewski and S. Kiriaki, Top-down simulation methodology of a 500 MHzmixed-signal magnetic recording read channel using standard VHDL, Proceedings ofthe Behavioral Modeling and Simulation Conference, sec. 3.2, Oct. 1999.

［3］R. B. Staszewski, C. Fernando, and P. T. Balsara, Event-driven simulation and modelingof phase noise of an RF oscillator, IEEE Transactions on Circuits and Systems I, vol. 52, no. 4, pp. 723–733, Apr. 2005.

［4］B. Razavi, RF Microelectronics, Prentice Hall, Upper Saddle River, NJ, 1998.

［5］J. Craninckx and M. Steyaert, Wireless CMOS Frequency Synthesizer Design, KluwerAcademic, Norwell, MA, 1998.

［6］T. H. Lee, The Design of CMOS Radio-Frequency Integrated Circuits, CambridgeUniversity Press, Cambridge, 1998.

［7］T. C. Weigandt, B. Kim, and P. R. Gray, Analysis of timing jitter in CMOS ring oscillators, Proceedings of the IEEE Symposium on Circuits and Systems, pp. 27–30, 1994.

［8］V. Reinhardt, K. Gould, K. McNab, and M. Bustamante, A short survey of frequencysynthesizer techniques, Proceedings of the 40th Annual Frequency Control Symposium, pp. 355–365, May 1986.

［9］J. Tierney, C. M. Radar, and B. Gold, A digital frequency synthesizer, IEEE Transactionson Audio Electroaccoustics, vol. 19, pp. 48–57, Mar. 1971.

［10］L. K. Tan and H. Samueli, A 200 MHz quadrature digital synthesizer/mixer in 0.8 mmCMOS, IEEE Journal of Solid-State Circuits, vol. 30, no. 3, pp. 193–200, Mar. 1995.

［11］W. F. Egan, Frequency Synthesis by Phase Lock, Wiley, New York, 2000.

［12］W. F. Egan, Phase Lock Basics, Wiley, New York, 1998.

［13］S. T. Lee, S. J. Fang, D. J. Allstot, A. Bellaouar, A. R. Fridi, and P. A. Fontaine, A quad-bandGSM-GPRS transmitter with digital auto-calibration, IEEE Journal of Solid-StateCircuits, vol. 39, no. 12, pp. 2200–2214, Dec. 2004.

[14] A. N. Hafez and M. I. Elmasry, A low power monolithic subsampled phase-locked looparchitecture for wireless transceivers, Proceedings of the IEEE Symposium on Circuitsand Systems, vol. 2, pp. 549–552, May–June 1999.

[15] B. Razavi, Challenges in the design of frequency synthesizers for wireless applications, Proceedings of the Custom Integrated Circuits Conference, pp. 395–402, 1997.

[16] K. Muhammad, R. B. Staszewski, and P. T. Balsara, Challenges in integrated CMOStransceivers for short distance wireless, Proceedings of the Great Lakes Symposium onVLSI, Mar. 2001.

[17] I. Elahi, Robust receiver design using digitally intensive techniques to overcome analogimpairments, Ph.D. dissertation, Department of Electrical Engineering, University ofTexas at Dallas, Nov. 2005.

[18] T. S. Rappaport, Wireless Communications: Principles and Practice, Prentice Hall, Upper Saddle River, NJ, 1996.

[19] M. Bopp et al., A DECT transceiver chip set using SiGe technology, Proceedings of theIEEE Solid-State Circuits Conference, sec. MP4.2, pp. 68–69, 447, Feb. 1999.

[20] B. Zhang and P. Allen, Feed-forward compensated high switching speed digital phase-lockedloop frequency synthesizer, Proceedings of the IEEE Symposium on Circuitsand Systems, vol. 4, pp. 371–374, 1999.

[21] F. M. Gardner, Charge-pump phase-locked loops, IEEE Transactions on Communications, vol. 28, pp. 1849–1858, Nov. 1980.

[22] D. H. Wolaver, Phase-Locked Loop Circuit Design, Prentice Hall, Englewood Cliffs, NJ, 1993.

[23] W. B. Wilson, U. K. Moon, K. R. Lakshmikumar, and L. Dai, A CMOS self-calibratingfrequency synthesizer, IEEE Journal of Solid-State Circuits, vol. 35, no. 10, pp. 1437–1444, Oct. 2000.

[24] I. C. Hwang, S. H. Song, and S. W. Kim, A digitally controlled phase-locked loop witha digital phase-frequency detection for fast acquisition, IEEE Journal of Solid-StateCircuits, vol. 36, no. 10, pp. 1574–1581, Oct. 2001.

[25] T. P. Kenny, T. A. Riley, N. M. Filiol, and M. A. Copeland, Design and realization of adigital delta-sigma modulator for fractional-N frequency synthesis, IEEE Transactions onVehicular Technology, vol. 48, no. 2, pp. 510–521, Mar. 1999.

[26] B. Miller and R. J. Conley, A multiple modulator fractional divider, IEEE Transactionson Instrumentation and Measurement, vol. 40, no. 3, pp. 578–583, June 1991.

[27] T. Riley, M. Copeland, and T. Kwasniewski, Delta–sigma modulation in fractional-Nfrequency synthesis, IEEE Journal of Solid-State Circuits, vol. 28, no. 5, pp. 553–559, May 1993.

[28] Y. Matsua, K. Uchimura, A. Iwata, T. Kobayashi, M. Ishikawa, and T. Yoshitome, A 16-bitoversampling A/D conversion technology using triple integration noise shaping, IEEEJournal of Solid-State Circuits, vol. 22, pp. 921–929, Dec. 1987.

[29] M. H. Perrott, T. Tewksbury, and C. Sodini, A 27-mW CMOS fractional-N synthesizerusing digital compensation for 2.5-Mb/s GFSK modulation, IEEE Journal of Solid-State Circuits, vol. 32, no. 12, pp. 2048–2060, Dec. 1997.

[30] W. T. Bax and M. A. Copeland, A GMSK modulator using a DS frequency discriminator-basedsynthesizer, IEEE Journal of Solid-State Circuits, vol. 36, no. 8, pp. 1218–1227, Aug. 2001.

[31] H. Brugel and P. F. Driessen, Variable bandwidth DPLL bit synchronizer with rapidacquisition implemented as a finite state machine, IEEE Transactions on Communications, vol. 42, pp. 2751–2759, Sept. 1994.

[32] J. Dunning, G. Garcia, J. Lundberg, and E. Nuckolls, An all-digital phase-locked loopwith 50-cycle lock time suitable for high performance microprocessors, IEEE Journalof Solid-State Circuits, vol. 30, pp. 412–422, Apr. 1995.

[33] R. E. Best, Phase Locked Loops: Design, Simulation and Applications, 3rd ed., McGraw-Hill, New York, 1997.

[34] T. Y. Hsu, B. J. Shieh, and C. Y. Lee, An all-digital phase-locked loop (ADPLL) -basedclock recovery circuit, IEEE Journal of Solid-State Circuits, vol. 34, pp. 1063–1073, Aug. 1999.

[35] M. Olivieri and A. Trifiletti, An all-digital clock generator firm-core based on differentialfine-tuned delay for reusable microprocessor cores, Proceedings of the IEEE Symposiumon Circuits and Systems, vol. 4, pp. 638–641, 2001.

[36] A. Kajiwara and M. Nakagawa, A new PLL frequency synthesizer with high switchingspeed, IEEE Transactions on Vehicular Technology, vol. 41, no. 4, pp. 407–413, Nov. 1992.

[37] T. H. Lee, CMOS RF: (still) no longer an oxymoron, Proceedings of the Symposium onRadio Frequency Integrated Circuits, pp. 3–6, 1999.

[38] A. A. Abidi, Wireless transceivers in CMOS IC technology: the new wave, Proceedingsof the Symposium on VLSI Technology, pp. 151–158, 2000.

[39] J. N. Burghartz, M. Hargrove, C. S. Webster, et al., RF potential of a 0.18-mm CMOSlogic device technology, IEEE Transactions on Electron Devices, vol. 47, no. 4, pp. 864–870, Apr. 2000.

[40] H. Iwai, CMOS technology for RF applications, Proceedings of the 22nd International

Conference on Microelectronics, vol. 1, pp. 27–34, May 2000.

[41] J. T. Wu, M. J. Chen, and C. C. Hsu, A 2 V 900 MHz CMOS phase-locked loop, Proceedings of the IEEE Symposium on VLSI Circuits, pp. 52–53, June 1998.

[42] Q. Huang, P. Orsatti, and F. Piazza, GSM transceiver front-end circuits in0.25-mm CMOS, IEEE Journal of Solid-State Circuits, vol. 34, no. 3, pp. 292–303, Mar. 1999.

[43] J. L. Tham, M. A. Margarit, B. Pregardier, C. Hull, R. Magoon, and F. Carr, A 2.7-V 900-MHz/1.9-GHz dual-band transceiver IC for digital wireless communication, IEEE Journal of Solid-State Circuits, vol. 34, no. 3, pp. 286–291, Mar. 1999.

[44] B. Murmann and B. E. Boser, Digitally Assisted Pipeline ADCs: Theory and Implementation, Kluwer Academic, Norwell, MA, 2004.

[45] GS40 0.11-mm CMOS standard cell/gate array, in Texas Instruments ApplicationSpecific Integrated Circuits Macro Library Summary, Version 1.0, Jan. 2001.

[46] Specification of the BLUETOOTH System, Version 1.1, www.bluetooth.com, Feb. 22, 2001.

[47] G. K. Dehng, C. Y. Yang, J. M. Hsu, and S-I. Liu, A 900-MHz 1-V CMOS frequencysynthesizer, IEEE Journal of Solid-State Circuits, vol. 35, no. 8, pp. 1211–1214, Aug. 2000.

[48] The National Technology Roadmap for Semiconductors, Semiconductor IndustriesAssociation, San Jose, CA, 1997.

[49] N. K. Verghese, T. J. Schmerbeck, and D. J. Allstot, Simulation Techniques and Solutionsfor Mixed-Signal Coupling in Integrated Circuits, Kluwer Academic, Norwell, MA, 1995.

[50] R. B. Staszewski, C.-M. Hung, D. Leipold, and P. T. Balsara, A first multigigahertz digitallycontrolled oscillator for wireless applications, IEEE Transactions on MicrowaveTheory and Techniques, vol. 51, no. 11, pp. 2154–2164, Nov. 2003.

[51] C. L. Huang and N. D. Arora, Measurements and modeling of MOSFET I–V characteristicswith polysilicon depletion effect, IEEE Transactions on Electron Devices, vol. 40, no. 12, pp. 2330–2337, Dec. 1993.

[52] C.-M. Hung, B. A. Floyd, N. Park, and K. O. Kenneth, Fully integrated 5.35-GHz CMOSVCOs and prescalers, IEEE Transactions on Microwave Theory and Techniques, vol. 49, no. 1, pp. 17–22, Jan. 2001.

[53] E. Hegazi, J. Rael, and A. Abidi, The Designer's Guide to High-Purity Oscillators, Kluwer Academic, Norwell, MA, 2005.

[54] J. B. Shyu, G. C. Temes, and F. Krummenacher, Random error effects in matchedMOS capacitors and current sources, IEEE Journal of Solid-State Circuits, vol. 19, pp.948–955, Dec. 1984.

［55］S. H. Lee and B. S. Song, Digital-domain calibration of multistep analog-to-digital converters, IEEE Journal of Solid-State Circuits, vol. 27, pp. 1679–1688, Dec. 1992.

［56］R. B. Staszewski, D. Leipold, K. Muhammad, and P. T. Balsara, Digitally controlledoscillator (DCO) -based architecture for RF frequency synthesis in a deep-submicrometerCMOS process, IEEE Transactions on Circuits and Systems II, vol. 50, no. 11, pp. 815–828, Nov. 2003.

［57］M. H. Perrott, M. D. Trott, and C. G. Sodini, A modeling approach for S-D fractional-Nfrequency synthesizers allowing straightforward noise analysis, IEEE Journal of Solid-State Circuits, vol. 37, no. 8, pp. 1028–1038, Aug. 2002.

［58］R. B. Staszewski, D. Leipold, and P. T. Balsara, Just-in-time gain estimation of an RFdigitally-controlled oscillator for digital direct frequency modulation, IEEE Transactionson Circuits and Systems II, vol. 50, no. 11, pp. 887–892, Nov. 2003.

［59］T. H. Lee and A. Hajimiri, Oscillator phase noise: a tutorial, IEEE Journal of Solid-StateCircuits, vol. 35, no. 3, pp. 326–336, Mar. 2000.

［60］A. Hajimiri and T. H. Lee, A general theory of phase noise in electrical oscillators, IEEE Journal of Solid-State Circuits, vol. 35, no. 3, pp. 326–336, Feb. 1998.

［61］A. Hajimiri and T. H. Lee, The Design of Low Noise Oscillators, Kluwer Academic, Norwell, MA, 1999.

［62］J. C. Candy and G. C. Temes, Oversampling methods for A/D and D/A conversion, inOversampling Delta-Sigma Data Converters, IEEE Press, New York, 1991.

［63］R. E. Radke, A. Eshraghi, and T. S. Fiez, A 14-bit current-mode S–D DAC basedupon rotated data weighted averaging, IEEE Journal of Solid-State Circuits, vol. 35, no. 8, pp. 1074–1084, Aug. 2000.

［64］F. M. Gardner, Interpolation in digital modems, part I: fundamentals, IEEE Transactionson Communications, vol. 41, no. 3, pp. 501–507, Mar. 1993.

［65］R. B. Staszewski and P. T. Balsara, Phase-domain all-digital phase-locked loop, IEEETransactions on Circuits and Systems II, vol. 52, no. 3, pp. 159–163, Mar. 2005.

［66］P. Dudek, S. Szczepanski, and J. Hatfield, A high-resolution CMOS time-to-digitalconverter utilizing a Vernier delay line, IEEE Journal of Solid-State Circuits, vol. 35, no. 2, pp. 240–247, Feb. 2000.

［67］R. B. Staszewski, K. Muhammad, D. Leipold, C.-M.Hung, Y.-C. Ho, J. L. Wallberg, C.Fernando, K. Maggio, R. Staszewski, T. Jung, J. Koh, S. John, I. Y. Deng, V. Sarda, O.Moreira-Tamayo, V. Mayega, R. Katz, O. Friedman, O. E. Eliezer, E. de-Obaldia, andP. T. Balsara, All-digital

TX frequency synthesizer and discrete-time receiver forBLUETOOTH radio in 130-nm CMOS, IEEE Journal of Solid-State Circuits, vol. 39, no. 12, pp. 2278–2291, Dec. 2004.

[68] B. N. Nikolic, V. G. Oklobdzija, V. Stajonovic, W. Jia, J. Chiu, and M. Leung, Improvedsense-amplifier-based flip-flop: design and measurements, IEEE Journal of Solid-StateCircuits, vol. 35, no. 6, pp. 876–884, June 2000.

[69] T. J. Gabara, G. J. Cyr, and C. E. Stroud, Metastability of CMOS master/slave flip-flops, IEEE Transactions on Circuits and Systems II, vol. 39, no. 10, pp. 734–740, Oct. 1992.

[70] C. Brown and K. Feher, Measuring metastability and its effect on communication signalprocessing systems, IEEE Transactions on Instrumentation and Measurement, vol. 46, no. 1, pp. 61–64, Feb. 1997.

[71] R. B. Staszewski, K. Muhammad, and P. Balsara, A 550-Msample/s 8-tap FIR digitalfilter for magnetic recording read channels, IEEE Journal of Solid-State Circuits, vol. 35, pp. 1205–1210, Aug. 2000.

[72] K. Muhammad, R. B. Staszewski, and P. T. Balsara, Speed, power, area, and latencytradeoffs in adaptive FIR filtering for PRML read channels, IEEE Transactions onVLSI Systems, vol. 9, no. 1, pp. 42–51, Feb. 2001.

[73] R. B. Staszewski, K. Muhammad, and P. T. Balsara, A constrained asymmetry LMSalgorithm for PRML disk drive read channels, IEEE Transactions on Circuits andSystems II, vol. 48, pp. 793–798, Aug. 2001.

[74] B. Razavi, Design of monolithic phase-locked loops and clock recovery circuits: a tutorial, in Monolithic Phase-Locked Loops and Clock Recovery Circuits: Theory and Design, IEEE Press, New York, 1996.

[75] T. Riley, N. Filiol, Q. Du, and J. Kostamovaara, Techniques for in-band phase noisereduction in SD synthesizers, IEEE Transactions on Circuits and Systems II, vol. 50, no. 11, pp. 794–803, Nov. 2003.

[76] E. Duvivier, G. Puccio, S. Cipriani, L. Carpineto, P. Cusinato, B. Bisanti, F. Galant, F. Chalet, F. Coppola, S. Cercelaru, N. Vallespin, J. Jiguet, and G. Sirna, A fully integratedzero-IF transceiver for GSM-GPRS quad-band application, IEEE Journal ofSolid-State Circuits, vol. 38, no. 12, pp. 2249–2257, Dec. 2003.

[77] F. Spagna, Phase locked loop using delay compensation techniques, Proceedings of theIEEE Symposium on Computers and Communications, pp. 417–423, 2000.

[78] F. M. Gardner, Phaselock Techniques, Wiley, New York, 1979.

[79] T. M. Almeida and M. S. Piedade, High performance analog and digital PLL design, Proceedings of the IEEE Symposium on Circuits and Systems, vol. 4, pp. 394–397, 1999.

[80] R. B. Staszewski, G. Shriki, and P. T. Balsara, All-digital PLL with ultrafast acquisition, Proceedings of the IEEE Asian Solid-State Circuits Conference, Taipei, Taiwan, sec. 11-7, pp. 289–292, Nov. 2005.

[81] J. Lee and B. Kim, A 200 MHz low jitter adaptive bandwidth PLL, Proceedings of theIEEE Solid-State Circuits Conference, sec. WA20.1, pp. 346–347, 477, Feb. 1999.

[82] H. Sato, K. Kato, and T. Sase, A fast pull-in PLL IC using two-mode pull-in technique, Electronics and Communications in Japan, pt. 2, vol. 75, no. 3, pp. 41–50, 1992.

[83] R. B. Staszewski, D. Leipold, and P. T. Balsara, Direct frequency modulation of anADPLL for BLUETOOTH/GSM with injection pulling elimination, IEEE Transactionson Circuits and Systems II, vol. 52, no. 6, pp. 339–343, June 2005.

[84] B. Razavi, A study of injection pulling and locking in oscillators, Proceedings of the 2003IEEE Custom Integrated Circuits Conference, pp. 305–312, Sept. 2003.

[85] T. Sowlati, C. A. Salama, J. Sitch, G. Rabjohn, and D. Smith, Low voltage, high efficiencyGaAs class E power amplifiers for wireless transmitters, IEEE Journal of Solid-State Circuits, vol. 30, no. 10, pp. 1074–1080, Oct. 1995.

[86] N. J. Kasdin, Discrete simulation of colored noise and stochastic processes and 1/ (fa) power law noise generation, Proceedings of the IEEE, vol. 8, no. 5, pp. 802–827, May1995.

[87] S. R. Norsworthy, D. A. Rich, and T. R. Viswanathan, A minimal multibit digital noiseshaping architecture, Proceedings of 1996 IEEE International Symposium on Circuitsand Systems, pp. 5–8, 1996.

[88] W. H. Press, S. A. Teukolsky, W. T. Vetterling, and B. P. Flannery, Numerical Recipes inC, 2nd ed., Cambridge University Press, Cambridge, 1994.

[89] U.-K. Moon, K. Mayaram, and J. T. Stonick, Spectral analysis of time-domain phasejitter measurements, IEEE Transactions on Circuits and Systems II, vol. 49, pp. 321–327, May 2002.

[90] A. Zanchi, A. Bonfanti, S. Levantino, and C. Samori, General SSCR vs. cycle-to-cyclejitter relationship with application to the phase noise in PLL, Proceedings of the SouthwestSymposium on Mixed-Signal Design, pp. 32–37, Feb. 2001.

[91] A. J. Acosta, A. Barriga, M. Valencia, M. Bellido, and J. L. Huertas, Modeling of realbistables in VHDL, Proceedings of the European Design Automation Conference, pp. 460–465, Sept. 1993.